香玲

鲁光

辽核 1 号

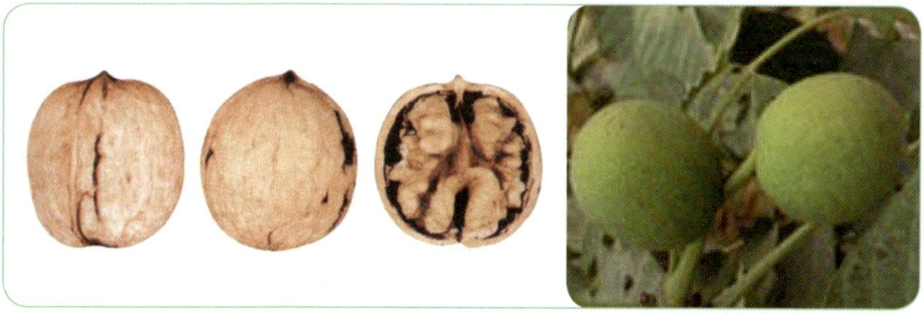

辽核 3 号

辽核 4 号

西扶 1 号

西扶 2 号

西林 2 号

薄壳香

扎 343

陕核 5 号

强特勒

清香

晋龙 1 号

晋龙 2 号

礼品 1 号

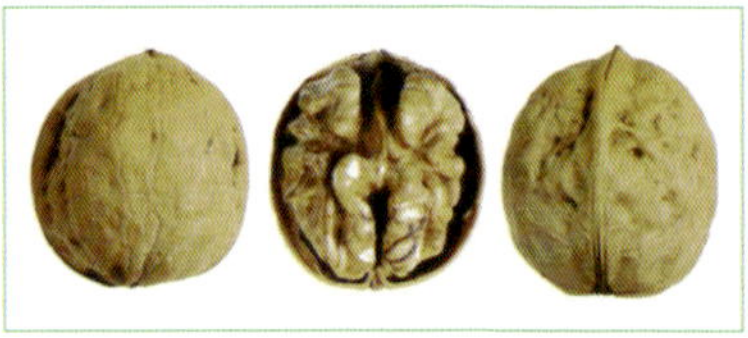

礼品 2 号

核桃干果

核桃仁

核桃实生苗

核桃嫁接苗

核桃幼园

核桃雄花序

核桃雌花

核桃结果状

1(2)−0 苗木根系

苗木蘸泥浆

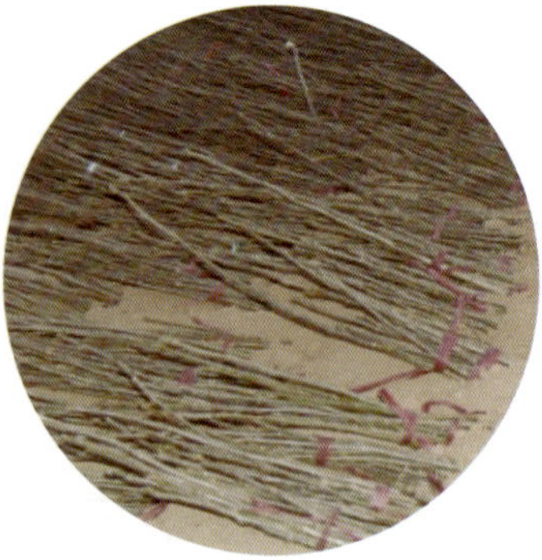

苗木假植

接穗沙藏

双舌接

劈接

枝接后愈合状

芽片

芽接留“出水口”

夏季芽接

夏季嫩枝嫁接

冬季幼树防寒

核桃高接

树干涂白

刺蛾幼虫

刺蛾茧

刺蛾危害状

横沟象

横沟象危害状

芳香木蠹蛾幼虫

芳香木蠹蛾成虫

芳香木蠹蛾危害状

蜻蟓成虫及危害状

大青叶蝉成虫、若虫

大青叶蝉危害状

介壳虫

介壳虫危害状

小吉丁虫

小吉丁虫危害状

桑天牛危害状

桑天牛

云斑天牛

云斑天牛危害状

叶甲类害虫

叶甲危害状

桃斑螟成虫

桃斑螟幼虫及危害状

举肢蛾幼虫

举肢蛾茧

举肢蛾成虫

举肢蛾危害状

小蠹虫危害状

核桃褐斑病

小蠹虫

核桃黑斑病

核桃褐色顶端坏死病

核桃炭疽病

核桃枝枯病

核桃溃疡病

林业科技成果推广项目培训教材

优质核桃丰产栽培技术

赵红茹　主编

西北农林科技大学出版社

图书在版编目(CIP)数据

优质核桃丰产栽培技术 / 赵红茹主编. —杨凌 :西北农林科技大学出版社，2019.3

ISBN 978-7-5683-0637-9

Ⅰ. ①优… Ⅱ. ①赵… Ⅲ. ①核桃—果树园艺 Ⅳ. ①S664.1

中国版本图书馆 CIP 数据核字(2019)第 053674 号

优质核桃丰产栽培技术

赵红茹 主编

出版发行 西北农林科技大学出版社

地　　址 陕西杨凌杨武路 3 号　　**邮　编**:712100

电　　话 总编室:029—87093195　发行部:87093302

电子邮箱 press0809@163.com

印　　刷 陕西天地印刷有限公司

版　　次 2019 年 3 月第 1 版

印　　次 2019 年 3 月第 1 次印刷

开　　本 850 mm×1168 mm　1/32

印　　张 8.5

字　　数 242 千字

ISBN 978-7-5683-0637-9

定价:46.00 元

《优质核桃丰产栽培技术》编写人员

主　编：赵红茹

副主编：陈丽丽　贺亚清　郭军成

参　编：孙杜闯　白晓军　雷晓红　王会珍
曹春艳　郭俊刚　张晓宇　贺俊学
赵西刚　冯海燕　李红艳　王进宝
梁丽娟　白国玲　张花妮　王　博
姚忙珍　马改娥　石　磊　李　东
韩婉阳　韩海峰　陈英娟

前言

核桃以其丰富的营养、独特的风味和多种保健功能，被列为世界四大干果之首。我国是核桃原产地之一，栽培面积和产量均位居世界之首，全国21个省、市区都有核桃分布，面积达到554.78万公顷。陕西气候温和、土层深厚、土壤疏松，是我国核桃的最佳适生区之一，全省核桃主要分布在延安以南的商洛、渭南、宝鸡、铜川等9市，面积已发展到76.27万公顷以上，产量居全国各省（市、区）第二位。渭南市核桃栽培历史悠久，截止到2017年底核桃面积达6.38万公顷，产量3.35万吨，产值7.33亿元，核桃产业已成为渭北旱塬和秦岭北麓部分地区群众脱贫致富的重要支柱产业。但在核桃产业快速发展的同时，也出现了立地条件选择不当、品种良莠不齐、栽培管理滞后、单产低、商品价值和经济效益不高等实际问题，直接影响到核桃产业的健康有序发展。

为了推广优质核桃丰产栽培技术，帮助广大林农依靠产业脱贫致富，我们在调研、总结生产经验的基础上，借鉴并汲取省内外核桃生产最新技术成果，编写了《优质核桃丰产栽培技术》一书。该书概述了核桃的经济价值及生产现状，介绍了适于核桃产区栽培的优良品种及生物学特性，阐述了核桃良种苗木繁育、规范建园、土肥水管理、花果管理、高接换优、低产园改造、整形修剪、灾害防控、果实采收贮藏等九方面技术。全书图文并茂，通俗易懂，内容丰富，科学实用，适于广大核桃种植户和林业技术人员阅读。

编写过程中，得到了陕西省林业技术推广总站、渭南市林业局各位领导的大力支持和帮助，参考了大量的资料。在此，谨向他们以及书中引用过资料和图片的诸位作者，一并致以衷心的感谢！鉴于编者水平有限，编撰中难免有疏漏和错误之处，恳请各位专家和广大读者不吝指正。

编　者

2018 年 10 月

目　录

第一章 概 述

第一节 核桃的价值和用途

一、核桃的经济价值

核桃，又称胡桃、羌桃，与扁桃、腰果、榛子并列为世界四大坚果，是我国重要的木本油料经济树种之一。核桃果实营养丰富，据研究测定，核桃仁含脂肪 65%～70%，蛋白质 15%左右，最高可达 29.7%，高于鸡蛋(14.8%)、鸭蛋(13%)的蛋白质含量，为豆腐的 2.1 倍、鲜牛奶的 5 倍、牛肉的 4.5 倍，被誉为优质蛋白。此外，还富含多种维生素和磷、钾、铁、钙、镁、锰等微量元素。含油量平均 65.08%～68.88%，最高达 76.3%，高于大豆、油菜、花生和芝麻的含油量。核桃油中的脂肪酸主要是油酸和亚油酸，约占总量的 90%，不仅油脂好而且更容易被人体吸收，是老年高血压及高胆固醇患者的最好食用油。

核桃木材质地坚硬，结构细致，纹理美观，抗压，耐冲击，不弯曲劈裂，是制造精密仪器和高级家具的上好材料。由于其抗冲击性较强，可支持连续振动，又是飞机和军械用品的优良材料。核桃树皮、叶片、核桃青皮可提取鞣酸，在棉纺、毛绒或制革业中可作染料。核桃壳是生产木炭和活性炭的最佳原料,也可用于油毛毡工业及石材打磨或磨碎作肥料。

二、核桃的保健价值

核桃作为保健食品早已被国内外熟识,在国内享有“万岁子”“长寿果”“养人之宝”的美称,在我国作为中草药使用已有上千年历史。中国医学认为核桃性温、味甘、无毒,有健胃、补血、润肺、养神等功效。《神农本草经》将核桃列为久服轻身益气、延年益寿的上品。唐代孟诜著《食疗本草》中记述,吃核桃仁可以开胃,通润血脉,使皮肤细腻。在宋代刘翰等著的《开宝本草》中记述,核桃仁“食之令肥健,润肌,黑须发,多食利小水,去五痔”。明代李时珍著《本草纲目》中记述,核桃仁有“补气养血,润燥化痰,益命门,处三焦,温肺润肠,治虚寒喘咳,腰脚重疼,心腹疝痛,血痢肠风”等功效。

现代医学研究认为:核桃中的磷脂对脑神经有很好的保健作用。核桃油含有不饱和脂肪酸,有预防动脉硬化的功效。核桃仁中含有锌、锰、铬等人体不可缺少的微量元素。锌、锰是人体健康不可缺少的元素,而铬有促进葡萄糖利用、提高胆固醇代谢和保护心血管的功能。核桃仁的镇咳平喘作用也十分明显,冬季对慢性气管炎和哮喘病患者有一定疗效。经常食用核桃,既能健壮身体,又能抗衰老,还可促进儿童身体和智力发育,保持青壮年的活力及免疫力,预防老年心血管病。

核桃是食疗佳品。无论是配药用,还是单独生吃、水煮、作核桃糖蘸、烧菜,都有补血养气、补肾填精、止咳平喘、润燥通便等良好功效。核桃的食法很多、将核桃加适量盐水煮,喝水吃渣可治肾虚腰痛、健忘、耳鸣、尿频等症。核桃与薏仁、栗子等同煮作粥吃,能治尿频、遗精、大便溏泻、五更泻等病症;核桃与芝麻、莲子同做糖蘸,能补心健脑,还能治盗汗;生吃核桃与桂圆肉、山楂,能改善心脏功能。核桃还广泛用于治疗神经衰弱、高血压、冠心病、肺气肿、胃痛等症。

三、核桃根、枝干、叶片、青皮的药用价值

核桃根皮制剂为温和的泻剂，可用于慢性便秘；枝条具有疏肝理气、开郁润燥、散结解毒等功效，适于治疗乳腺癌、胃癌及痰气交阻之食道癌。近年来临床试验证实，核桃枝条加龙葵全草制成的核葵注射液，对于宫颈癌及甲状腺癌有不同程度的疗效。核桃枝条浓缩汁（或注射液）对单独型慢性气管炎有显效。

核桃叶中含有大量的维生素C、维生素B、维生素E、胡萝卜素、挥发油（香精油）、鞣质、染色物质，以及核桃醌胰岛素多糖、有机酸、无机盐高抗炎作用的多酚复合物等多种生物化学成分，具有促进肌体强壮，对患维生素缺乏症、喉头炎、淋巴结、甲状腺肿大、结核病、黄疸病、妇科病、皮肤病等均有较好疗效。核桃树叶煎水可治全身瘙痒；1%以上浓度的核桃叶浸剂能杀灭钩端螺旋体；叶中所含的多酚复合物具有良好的抗癌作用；核桃树叶煎剂尚有加速体内糖的同化或降低血糖的作用，并可提高内分泌等体液调节能力。

核桃青皮中含有某些药物成分，在中医验方中，称为"青龙衣"，可治疗皮肤瘙痒、肝胃气痛、胃神经痛等病症。此外，鲜青皮汁可涂治顽癣。

第二节 分布及生产现状

一、分布

核桃在我国分布广泛，除黑龙江、上海、广东、海南等省市区

外，从北纬 21°29′的云南勐腊到北纬 44°54′的新疆博乐，纵跨纬度 23°25′；西起东经 75°15′的新疆塔什库尔干，东至东经 124°21′的辽宁省丹东，横跨经度 49°06′，均有核桃栽培和分布，包括辽宁、天津、北京、河北、山东、山西、陕西、宁夏、青海、甘肃、新疆、河南、安徽、江苏、湖北、湖南、广西、四川、贵州、云南及西藏等 21 个省、市、区。主要产区在云南、陕西、山西、四川、河北、甘肃、新疆等省(区)。

核桃在我国的垂直分布，从海平面以下约 30 米的新疆吐鲁番布拉克村到海拔 4 200 米的西藏拉孜，相对高差达 4 230 米。按地理气候因素、生物学特性、社会经济因素、栽培规模结合行政区划，可将我国核桃自然分布和栽培区域分为 6 个分布区：

1. 东部沿海分布区：包括河北、北京、天津、辽宁、山东、河南及安徽、江苏北部。

2. 西北黄土区分布区：包括山西、陕西、甘肃、青海、宁夏。

3. 新疆分布区：包括新疆南部和北部。

4. 华中、华南分布区：包括湖北、湖南、广西中部和西部。

5. 西南分布区：包括云南、贵州和四川。

6. 西藏分布区：包括西藏南部和东部。

内蒙古、浙江、福建、江西、江苏等省(区)仅有少量引种或栽培。

陕西是核桃原产地之一，根据陕西气候、土壤特点及核桃生物学特性，将陕西核桃栽培区域划分为：

1. 渭北区：北界以宜川县北界向西经甘泉县城到陕甘边界，南界以合阳县城为中心，向东到陕晋边界，向西经澄城、白水、旬邑、长武县城到陕甘边界。

2. 关中区：北界为渭北区南界，南界为秦岭北山脚线。

3. 秦巴山地：北界为秦岭北山脚线，南界为陕西南界。

二、生产现状

核桃在我国栽培历史悠久，分布广泛，从东部沿海到西部高原，南至云南、西藏，北至新疆、吉林均有栽培。新中国成立前，核桃处于实生繁殖和自然生长状态，总产量 5 万吨左右。20 世纪 50 年代中期，全国核桃产量升至 10 万吨；60 年代降至 4～5 万吨；70 年代恢复到 7～8 万吨；1978 年达到 11.8 万吨。进入 80 年代，受国家政策影响和市场驱动作用，以及农村产业结构调整和农民兴林致富的迫切需要，特别是近 20 年来，随着核桃新品种的繁育成功和繁殖技术瓶颈的突破，核桃产业得到了迅速发展，栽培面积和产量逐年增加。目前全国核桃栽植面积达 554.78 万公顷，产量 232.48 万吨，面积、产量均居世界首位。陕西核桃面积已发展到 76.27 万公顷以上，面积和产量居全国第二。渭南市 2017 年底核桃面积达6.38万公顷，产量 3.35 万吨，产值 7.33 亿元。

第三节 主要问题及今后发展方向

一、生产中存在的主要问题

1.品种混杂，良莠不齐

品种问题是核桃生产最重要的问题，直接影响核桃园的前途和效益。核桃分“早实”和“晚实”两大类群，每个类群都有其优良的品种。不同类型和不同品种的生物学特性和生长结果习性不同，适应性也不一样。多数群众在核桃建园时品种选择随意性大，认为只要是良种就行，同一个核桃园中多个品种并存，有的群众选用实生苗建园，导致核桃园品种杂乱，果品良莠不齐，效益不佳。

2. 间作不规范，影响树势

核桃幼树期间作套种是提高土地利用率的一项有利措施，不但能够补偿早期投入，而且有助于幼树生长。目前，在核桃间作方面存在的主要问题：一是间作物选择不当。多数群众出于眼前利益，在核桃地种植小麦、玉米等高杆作物，这些作物和核桃争肥、争水、争阳光的矛盾特别突出，严重影响核桃树的正常发育，甚者造成树体死亡。二是间作不留空。有的群众虽然间种了豆类、瓜类、药材等低杆作物，但没有给核桃树留下生长空间，导致核桃树生长不良，病虫害严重。

3. 管理粗放，效益低下

受传统观念的影响以及对核桃新品种生物学特性认识不足，多数群众科学管理意识淡薄，认为核桃树不需要精细管理，甚者认为核桃树不管理也能结果。水肥管理不全面，整形修剪不到位，病虫害防控技术缺失，导致核桃园适龄不结果，产量低、品质差、病虫危害严重、效益低下，影响了产业的健康有序发展。

4. 采收过早，品质下降

核桃果实的适时采收，对保证核桃的优质高产是一个非常重要的环节。近年，核桃产区部分果农在 7 月下旬或 8 月上旬就开始采摘出售核桃青果，严重影响到核桃的产量和收益。

5. 加工技术滞后，效益低下

目前核桃采后大多为农户传统的堆沤脱皮法，果面污染严重，加之核桃采收季节正值雨季，若阴雨连绵，又无烘干设备，果实不能及时晾晒，导致果品质量下降，商品率不高。核桃销售仍以初级原料（原核桃和核桃仁）为主，精深加工滞后，经济效益低下。

二、今后发展方向

1. 良种精品化

良种不在多而在精，只有少而精，才能形成规格统一的高质量坚果。一是每县确定主栽品种2～3个。选择主栽品种不仅要考虑丰产性能，还要考虑品质、抗性等，尤其是陕西渭北旱塬地区要考虑具备规避晚霜、早春冻害的性能。二是在核桃主产区建园时做到一园一品，即一个核桃园只栽一个品种不配授粉树。核桃分布较少地区建园时，一园一个主栽品种，配置一个品种的授粉树，配置比例按8∶1进行。三是对多品种的现有园，通过高接换优纯化品种，实现核桃良种化率。四是选用普通核桃实生苗作砧木，繁育优质核桃良种壮苗，提高坚果产量和品质。

2.管理省力化、科学化

随着我国农村劳动力向城市的转移和劳动力成本的上升，核桃园经营省力化成为当前和今后的发展趋势。一是新建园实行低密度经营，即平地株行距5米×6米，亩栽植株数22株，缓坡地5米×5米，亩栽植株数26株。对现有的过密核桃园隔株移除。二是新建机械化耕作园定干高度提高到1.5～2.0米，人工耕作园定干高度到0.8～1.2米。现有核桃园中，对着生在主干上距地面过低的主枝可逐年去除，便于省力化管理。三是幼园前期间作、中耕除草、深耕、施肥灌水等管理工作实行机械化。四是对核桃园从土肥水管理、整形修剪、病虫害防控等方面实施科学化、规范化管理，提高产量和品质。

3.施肥配方化，逐步实现水肥一体化

配方施肥是根据作物需肥规律、土壤供肥特性与肥料效应，在以有机肥为基础的条件下，提出氮、磷、钾和微肥的适宜用量和比例及其相应的施肥技术。配方施肥具有肥效利用率高、自动化程度高、效果好、成本低的特点，是当今世界核桃施肥的发展趋势。

核桃园可实施简易肥水一体化施肥，在春季发芽期、夏季果实发育期，根据核桃树所需肥种，利用贮药罐、加压泵、高压管子、三轮车等机械设备，将喷药枪改为追肥枪，将肥料溶解于水中，用药泵加压后用追肥枪施入果树根系集中分布区。有滴灌条件的，可通过滴灌实现水肥一体化。

4. **初加工机械化，提高坚果商品率**

目前，核桃产区普遍存在提早采收的陋习，加之在采后脱青皮、漂洗及晾晒等方面技术粗放，果面不干净，果实分级不到位，品种混杂，大小不一，导致坚果质量较差，商品率低，影响了果品的销售和群众收入。

实行脱皮、清洗、分级、烘干机械化，能够保障核桃果实品质，提高效益。因此，各地要利用好国家政策，积极鼓励企业、大户和专业合作社建立核桃果实初加工厂。每个核桃基地县应规划一定数量、且分布合理的核桃初加工厂，按照全省统一的产品质量等级标准，实行按品种包装，达到一定区域的统一质量规格，增加市场竞争力。要引导和培育核桃加工龙头企业，拓宽融资渠道，研发核桃系列产品，延长产业链，增加产品附加值。

5. **灾害防控无公害化，生产绿色果品**

主要是冻害和病虫害的防控。一是建园前做好品种选择。核桃喜欢温凉的气候，渭北旱塬地区以规避早春冻害、晚霜的强特勒、元林、维纳品种或早春冻害后有二次结果能力的香玲为主栽品种，关中地区选择香玲、清香、西扶 1 号、辽核 1 号、辽核 4 号等良种。二是改善园地生态环境，加强树体和园地综合管理，提高树体抗病虫能力。三是应用农业、生物、物理综合防治方法，采取太阳能杀虫灯、糖醋液、苦参碱等生物防治措施，保护利用天敌，充分发挥自然调控作用。四是选用高效、低毒、低残留化学农药，并注意轮换交替使用，提高防治效果。

第二章
主要种类和优良品种

第一节　主要种类

核桃属被子植物门，双子叶植物纲，胡桃科，核桃属。胡桃科共有 7 个属，44 个种，分布于北半球温带和亚洲东部。核桃为核桃属植物，作为经济栽培的主要有普通核桃和泡核桃（铁核桃）两种，我国南北各地栽培的品种大多属于普通核桃。泡核桃又名铁核桃，别名漾濞核桃，主要分布在云南、四川及贵州一带，该种性喜湿热而不耐干冷，是与普通核桃不同的另一个生态型。此外，尚有野生的核桃楸和野核桃等，都是同属植物。

胡桃科的另一个属——山核桃属中也有一种生产坚果的果树，叫薄壳山核桃，又名美国山核桃或长山核桃，19 世纪末引入我国，目前在苏、浙、闽、赣等省有零星栽培。性喜温暖湿润，坚果大，长椭圆形，壳薄仁大，味美质优，在长江流域及其以南地区颇具开发价值。

我国现有核桃属植物 9 个种，其中 4 个种为引进种。山核桃属植物 6 个种，其中 1 个为引进种，喙核桃属植物有 1 种。《中国核桃种质资源》将我国核桃属分为 3 组 9 种。

核桃组：核桃（*Juglans regia* L.）

泡核桃（*J. sigillata* Dode）

核桃楸组：核桃楸（*J. mandshurica* Maxim）

麻核桃（*J. hopeiensis* Hu）

野核桃（*J. cathayensis* Dode）

吉宝核桃（*J. sieboldiana* Maxim）

心形核桃（*J. cordiformis* Maxim）

黑核桃组：小黑核桃（*J. micro carpa* Enqclm）

北加州黑核桃（*J. hindsii* Rehder）

1. **核桃**（*Juglans regia* L.）

又名胡桃，是国内外栽培比较广泛的一种。落叶乔木，一般树高10～20米，最高可达30米。树冠大，呈广卵形或圆头形。寿命长，可达二、三百年以上。

树皮灰白色，光滑，老时变暗，形成浅纵裂。枝条粗壮、光滑，新枝呈绿褐色，具白色皮孔。混合芽和营养芽为阔三角形或三角形，雄花芽为裸芽，圆柱形，呈鳞片状。叶为奇数羽状复叶，互生，长约30～40厘米，小叶5～7片，叶总柄圆形，基部肥大有腺点，脱落后，叶痕大，呈三角形。小叶长圆形、倒卵形或广椭圆形，具短柄，先端微突尖，基部心形、扁形、圆形等，表面绿色有光泽，背面浅绿色，脉腋有簇毛，叶全缘或微显锯齿。雄花序葇荑状下垂，长8～12厘米，花被6裂，有雄蕊12～26枚，花丝极短，花药成熟时为杏黄色。雌花序顶生，小花2～3簇生，子房外面密生细柔毛，柱头两裂，偶有3～4裂，呈羽状反曲，黄绿色。果实为核果，近圆形或椭圆形，外果皮肉质，表面光滑或具柔毛，绿色或黄绿色。内果皮骨质称为核壳，表面具刻沟或皱纹。种仁呈脑状，被黄白色或黄褐色薄种皮，其上有明显或不明显的脉络。

2. **泡核桃（铁核桃）**（*Juglans sigillata* Dode）

树高10～20米，树皮灰褐色，老时暗灰，有纵裂。新枝绿褐色，光滑。奇数羽状复叶较大，长约60厘米左右，小叶9～13片，小叶基部斜形，先端渐尖，边缘微锯齿或全缘，表面绿色光滑，背面浅绿。雄花葇荑状下垂，长5～25厘米，每序有小花20～130朵，雄蕊25枚。雌花序顶生，小花2～4朵簇生，柱头两裂，为粉红色。核果先端突尖，基部微尖，核壳表面呈刻点状，壳有厚薄之分，其中栽培类型的外壳开裂比较容易，而野生类型的开裂则难。铁核桃分布在我国云南、贵州、西藏、四川、湖南等地，栽培类型较多。

3. **野核桃**(*Juglans cathayensis* Dode)

落叶乔木，高达25米，树冠广圆形，小枝有腺毛，奇数羽状复叶，长100厘米左右，小叶9～17片，卵形或倒卵状矩圆形，基部斜圆形或心脏形，先端渐尖，边缘细锯齿，表面暗绿色，有稀疏茸毛，背面密生腺毛，中脉与叶柄有腺毛。雄花序长20～35厘米。雌花序有6～10朵，小花呈穗状着生。果实卵圆形，先端急尖，长3.0～4.5厘米，表面有腺毛，核果卵圆形，壳坚厚，有6～8条棱线。野核桃分布在我国江苏、江西、浙江、湖北、四川、贵州、云南、陕西等地。

4. **核桃楸**(*Juglans mandshurica* Maxim)

又名山核桃，山楸。落叶乔木，高可达20米，树冠阔圆形，树皮灰色或暗灰色，光滑浅纵裂，枝灰色粗壮，小枝有腺毛，皮孔隆起。芽三角形，顶芽大，侧芽小，被黄褐色柔毛。奇数羽状复叶互生，长60～90厘米，总柄有褐色腺毛，小叶9～17片，柄极短或无柄，长圆形或卵状长圆形，基部扁形，先端渐尖，边缘细锯齿，表面初有毛，后光滑，背面密生短细毛。雄花序长10～30厘米，每果序有小花240～250朵，花被绿色4～6裂，雄蕊4～24枚，花丝短，花药长，黄绿色。雌花为穗状花序，有小花5～11朵，着生于密生短柔毛的花轴上，花萼4裂，柱头两裂鲜红色。果实多为卵形或卵圆形，先端尖，外果皮绿色，有腺毛，核果长圆形，先端锐尖，缝合线隆起，壳面有突出的6～8条棱线，两棱线之间有不规则的刻沟，种仁褶皱如脑状，种皮薄黄褐色，内隔膜厚呈骨质。本种是核桃属中最为抗寒的一种，分布于我国的东北、华北各地，朝鲜的北半部，前苏联的远东地区等，可做抗寒育种亲本和嫁接核桃的砧木。

5. **吉宝核桃**(*Juglans sieboldiana* Maxim)

又名鬼核桃，日本核桃等。落叶乔木，树高20～25米。树皮浅纵裂，灰褐色至暗灰色。小枝黄褐色，密生细茸毛，皮孔长圆形隆起。芽三角形，顶芽大，侧芽小，被3～5对鳞片，其上密生短茸毛。叶为奇数羽状复叶，小叶13～17片，小叶基部斜形，先端渐尖，边缘微锯齿或全缘，总柄密生腺毛，小叶无柄。雄花序长15～20厘米，雌花序顶生，呈穗状，着生小花8～11朵，子房和柱头为紫红色，子房外面密生腺毛，柱头两裂。果实为圆形，先端突尖，绿色，有腺毛，内果皮坚厚，有8条明显的棱线，二棱线之间有刻沟，内隔膜骨质。分布在日本的北部和中部的山林中，20世纪30年代引入我国，目前在江西庐山、辽宁有栽培。其抗寒性仅次于核桃楸，可作为育种亲本和嫁接核桃的砧木。

6. **心形核桃**(*Juglans subcordiformis* Dode)

又名姬核桃。与吉宝核桃的区别主要在果实，果实扁心形，较小，表面光滑，有缝合线的两侧较宽，是其他两侧的2倍，无缝合线两侧的中间各有一纵凹沟，壳虽坚厚，但易开裂，无内隔膜，可取整仁，出仁率30%～36%，在我国北部地区有栽培价值，是良好的果材兼用树种，也是育种的亲本和嫁接的优良砧木。原产日本，目前辽宁有栽培，近年来黑龙江、陕西、江苏、上海、山东等地有引种。

我国现有核桃属植物8个种，其中作为广泛栽培的主要是普通核桃(*J. regia* L.)和铁核桃(*J. sigillata* Dode)。普通核桃主要分布在北方地区，据《中国果树志・核桃卷》记载的无性系品种及优良品系179个、实生农家品种514个、优良单株124个。铁核桃主要分布在云南、贵州、四川等省区(张志华，2007)。

表 2－1 中国实生选优的主要核桃品种

品种(系)	选育单位	来源	发布年份
北京 861	北京市林业果树研究所(张宏潮)	新疆核桃实生后代	1990
晋香	山西省林业研究所	核桃实生后代	1991
晋丰	山西省林业研究所	核桃实生后代	1990
西林 1 号	西北林学院	新疆核桃实生后代	1984
西林 2 号	西北林学院	新疆核桃实生后代	1989
西林 3 号	西北林学院(高绍棠)	新疆核桃实生后代	1984
西扶 1 号	西北林学院(高绍棠)	隔年核桃实生后代	1989
西扶 2 号	西北林学院(高绍棠)	隔年核桃实生后代	1984
西扶 3 号	西北林学院(高绍棠)	隔年核桃实生后代	1984
陕核 1 号	陕西省果树研究所	隔年核桃实生后代	1989
新早丰	新疆林业科学院林业研究所(张树信)	新疆核桃实生后代	1989
温 185	新疆林业科学院林业研究所(张树信)	卡卡孜实生后代	1989
扎 343	新疆林业科学院林业研究所(严兆福)	新疆核桃实生后代	1989
绿波	河南省林业研究所(罗秀钧)	新疆核桃实生后代	1989
薄壳香	北京市林业果树研究所(张宏潮)	新疆核桃实生后代	1984
北京 746 号	北京市林业果树研究所(张宏潮)	晚实核桃实生后代	1986
西洛 1 号	西北林学院(高绍棠)	核桃实生后代	1984
西洛 3 号	西北林学院(高绍棠)	核桃实生后代	1987
礼品 1 号	辽宁省经济林研究所(刘万生)	新疆纸皮核桃实生后代	1989

续表

品种(系)	选育单位	来源	发布年份
礼品 2 号	辽宁省经济林研究所(刘万生)	新疆晚实纸皮核桃实生后代	1989
晋龙 1 号	山西省林业科学研究所(刘文德)	汾阳县晚实核桃实生后代	1991
晋薄 1 号	山西省林业科学研究所(刘文德)	山西孝义县晚实核桃实生后代	1991
元丰	山东省果树研究所	新疆早实核桃实生后代	1979
薄丰	河南省林科所	新疆核桃实生后代	1989
绿岭	河北农业大学、河北绿岭果业有限公司	香玲芽变	2005
岱辉	山东省果树研究所	香玲实生后代	2003
金薄香 1 号	山西省农业科学研究院	新疆薄壳核桃实生后代	2004
金薄香 2 号	山西省农业科学研究院	新疆薄壳核桃实生后代	2004
冀丰	河北省农林科学院	核桃实生后代	2001
里香	河北省农林科学院	核桃实生后代	2001
岱丰	山东省果树研究所	丰辉实生后代	2000
新巨丰	新疆林业科学院林业研究所(张树信)	和春 4 号实生后代	1989

注:以上材料部分来源于《中国果树志 · 核桃卷》。

表 2—2　中国杂交育成的主要核桃品种

品种(系)	研究者	亲本	发布年份
丰辉	王钧毅	上宋 5 号×阿克苏 9 号	1978
鲁光	王钧毅	卡卡孜×上宋 6 号	1978
香玲	王钧毅	上宋 5 号×阿克苏 9 号	1978
辽宁 1 号	刘万生	河北昌黎大薄皮(晚实)优株 10103×新疆纸皮核桃实生后代的早实单株 11001	1980

续表

品种(系)	研究者	亲本	发布年份
中林1号	奚声珂	涧9—7—3×汾阳串子	1989
中林3号	奚声珂	涧9—19—15×汾阳穗状核桃	1989
中林5号	奚声珂	涧9—11—12×涧9—11—15	1989
寒丰	刘万生	新疆纸皮核桃实生后代的早实单株11005×日本心形核桃	1992
鲁香	张美勇	上宋6号×新疆早熟丰产	2001
云新7914	方文亮	云南薄壳核桃×新疆核桃	2001
云新7926	方文亮	云南薄壳核桃×新疆核桃	2001
云新8034	方文亮	云南薄壳核桃×新疆核桃	2001
云新8064	方文亮	云南薄壳核桃×新疆核桃	2001
云新85227	方文亮	云南薄壳核桃×新疆核桃	2001
90301	范志远	三台核桃×新早13号	2002
90303	范志远	三台核桃×新早13号	2002
岱香	张美勇	辽核1号×香玲	2003
鲁丰	张美勇	上宋6号×阿克苏9号	2003
元林	侯立群 王均毅	元丰×强特勒	2007

表2—3 中国引进的主要核桃品种

品种(品系)	引种人	来源	引种时间(年)
爱米格(Amigo)	奚声珂	美国	1984
彼德罗(Pedro)	奚声珂	美国	1984
契可(Chico)	奚声珂	美国	1984
强特勒(Chandler)	奚声珂	美国	1984
特哈玛(Tehama)	奚声珂	美国	1984
维纳(Vina)	奚声珂	美国	1984
希尔(Serr)	奚声珂	美国	1984
哈特利(Hartly)	奚声珂	美国	1984
清香	郗荣庭	日本	1983

第二节 优良品种

按照从幼树定植到开始结果所经历的时间来进行分类，将核桃品种分为早实品种和晚实品种两大类群。

播种后2～3年，嫁接后1～2年能开始结实的品种或优株属于早实核桃类群，该类群树体较小，常有二次生长和二次开花结果现象，发枝力强，侧生混合花芽和结果枝率高。

用种子播种6～10年，或嫁接后3～5年开始结实的品种或优株属于晚实核桃类群。其主要生长和结果特点是：树体高大，无二次开花现象，发枝力弱，侧生结果枝率低。

早实核桃具有较早进入发育成熟期，又有很强的连续结果能力，营养生长缓慢，树体矮小等优点。但对环境条件和管理水平的要求较高，栽培方面需水肥较大，管理较晚实核桃精细些。

一、早实品种

1. 香玲

由山东果研所杂交育种而成。1989年定名。主要栽培于山东、河南、山西、陕西、河北等地。

树势较旺，树姿较直立，树冠半圆形，分枝力较强，侧生混合芽率81.7%，嫁接后2年开始形成混合花芽，雄花3～4年后出现，坐果率60%左右，每果枝平均坐果1.6个，双果较多。雄先型，中熟品种。1年生枝呈黄绿色，节间短，混合芽近圆球形，有芽座。坚果卵圆形，基部平，果顶微尖。纵径3.94厘米，横径3.92厘米，坚果重12.2克。壳面刻沟浅，光滑美观，壳厚0.9毫米。内褶壁退化，横膈膜膜质，易取整仁，出仁率65.4%。核仁充实饱满，味香而不涩。

该品种适应性较强，盛果期产量较高，大小年不明显。坚果光滑美观，品质上等，尤宜带壳销售或作生食用，适宜在山丘土层较深厚和平原林粮间作栽培。在土层薄、干旱地区及结果量大时，坚果较小。

2. **鲁光**

由山东果树所人工杂交育种培育而成。1989 年定名。主要栽培于山东、河南、山西、陕西、河北等地。

树势中庸，树姿开张，树冠半圆形，分枝力较强，侧生混合芽率 80.76％。嫁接后 2 年即开始形成混合芽，3～4 年后出现较多，坐果率 65％左右，每果枝平均坐果 1.3 个。雄先型，中熟品种。1 年生枝呈绿褐色，节间较长，混合芽圆形，有芽座。坚果长圆形，果基圆，果顶微尖，纵径 4.32 厘米，横径 3.72 厘米，坚果重 16.7 克，壳面刻沟浅，光滑美观，缝合线窄平，结合紧密，壳厚 0.9 毫米左右。内褶壁退化，横膈膜膜质，易取整仁，出仁率 59.1％。核仁充实饱满，乳黄色，味香不涩。

该品种早期生长势较强，产量中等，盛果期产量较高。坚果光滑美观，核仁饱满，品质上等，尤宜带壳销售作生食用。适宜渭北塬地、山地梯田和林粮间作。

3. **元丰**

山东省果树所选育。1979 年定名。主要栽培于山东、河南、山西、陕西、河北、辽宁等地。

树势中庸，树姿开张，树冠半圆形。分枝力中等，侧生混合芽的比率为 75％，侧生果枝率 72％，每果枝坐果 1.2 个。嫁接后 2 年即开始形成雌花，雄花 3～4 年后出现。雄先型，中熟品种。坚果卵圆形，果基平圆，果顶微尖。纵径 3.8 厘米，横径 2.9 厘米，坚果重 12 克。壳面刻沟浅，光滑美观，壳色较浅。缝合线窄而平，结合紧密，壳厚 1.15 毫米左右。内褶壁退化，横膈膜膜质，易取整仁。核仁充实饱满，出仁率 49.7％左右。风味微涩，不耐干旱，在瘠薄土壤中坚果变小。

该品种适应性较强，早期产量较高，盛果期产量高。宜带壳销售作生食用，适宜渭北塬地和山地梯田地建园，四旁栽植和早、密、丰建园。

4. **丰辉**

由山东果树所人工杂交育种培育而成。1989年定名。主要栽培于山东、河南、山西、陕西和河北等地。

树势中庸，树姿直立，树冠圆锥形。分枝力较强，侧生混合芽比率为88.9%，每果枝坐果1.6个。嫁接后第2年开始形成混合花芽，4年后出现雄花。雄先型，中熟品种。坚果长椭圆形，基部圆，果顶尖。纵径4.36厘米，横径3.13厘米，坚果重12.2克左右。壳面刻沟较浅，较光滑，浅黄色。缝合线窄而平，结合紧密，壳厚0.95毫米左右。内褶壁退化，横膈膜膜质，易取整仁。核仁充实饱满，出仁率57.7%，味香不涩。产量较高，大小年较明显。

该品种适应性较强，早期产量较高，盛果期产量中等。坚果光滑美观，核仁饱满色浅，品质上等，尤宜带壳销售。抗病害能力较强，但不耐干旱，适宜在土层深厚和有灌溉条件下栽植。

5. **辽核1号**

由辽宁经济林研究所用“新疆纸皮×河北昌黎大薄皮”杂交选育而成。1980年定名。在辽宁、河南、河北、陕西、山西、北京、山东和河北等地大面积栽培。

树势旺，树姿直立或半开张，分枝力强，枝条粗壮密集。1年生枝常呈灰褐色，粗壮，节间短，果枝短，属短枝型。芽肥大饱满，呈阔三角形或圆形，有时有芽座。幼树第二年结果，侧枝结果能力强，侧芽形成混合芽达90%以上，坐果率60%，多双果或3果。雄先型，晚熟品种，连续丰产性强。坚果圆形，果基平或圆，果顶略呈肩形。壳面较光滑，缝合线微隆起，结合紧密，三径平均3.4厘米，坚果重9.4克，壳厚0.9毫米左右。内褶壁退化，可取整仁，出仁率59.6%。核仁充实饱满，黄白色。

该品种长势强，枝条粗壮，果枝率高，丰产性强。适应性强，较耐寒、耐旱，抗病性强。坚果品质优良，适宜早、密、丰栽培。

6. **辽核3号**

辽宁省经济林研究所选育。1989年定名。在辽宁、河南、河北、山西和陕西等地大量栽培。

树势中等，树姿开张，树冠半圆形，分枝力强，尤其是抽生二次枝的能力强，枝条多密集，侧生混合芽率100%。1年生枝呈绿褐色，稍有棱，节间短，属短枝型。芽为阔三角形，混合芽多为圆形，有时有芽座。嫁接1年后开花结实，3年生以后出现雄花，成年树雄花芽较多。坐果率在60%以上，多双果和3果。雄先型，中熟品种。丰产性强。坚果椭圆形，果基圆，果顶圆并突尖。纵径3.5厘米，横径3.0厘米，侧径3.1厘米，坚果重9.8克。壳面较光滑，缝合线微隆起，结合紧密，壳厚1.1毫米。内褶壁膜质或退化，可取整仁或1/2仁，出仁率58.2%。核仁充实饱满，色浅，风味佳。

该品种树势中等，树冠较开张，分枝力强，果枝率及坐果率高，丰产能力强，抗病性强，坚果品质优良，适宜在土壤条件较好的梯田地、丘陵地区栽培，尤其适宜林粮间作及早、密、丰栽培。

7. **辽核4号**

由辽宁经济林研究所用"辽宁大麻皮×新疆纸皮"杂交后代选育而成。1990年定名。目前已在辽宁、河南、山西、陕西、河北、山东等地大量栽培。

树势中等，树姿直立或半开张，树冠圆头型，分枝力强，侧生混合芽率90%以上，每果枝平均坐果1.5个，坐果率75%左右。雄先型，晚熟品种。1年生枝条呈绿褐色，枝条多而较细，节间较长，结果枝长10～20厘米，属中短枝型。芽三角形，无芽座。坚果圆形，果基圆，果顶圆并微尖。纵径3.4厘米，横径3.4厘米，侧径3.3厘米，坚果重11.4克，壳厚0.9毫米。壳面光滑，色浅，缝合线平或微隆起，结合紧密。内褶壁膜质或退化，可取整仁，出仁率59.7%。核仁充实饱满，黄白色，风味佳。

该品种树势中等，果枝率和坐果率高，连续丰产性强，坚果品质优良。适应性强，抗病性极强，抗寒、耐旱，宜在干旱地栽培。但结果多时坚果明显变小。适宜在北方核桃栽培区发展。

8. **中林1号**

由中国林科院林研所经人工杂交选育而成。1989年定名。现在河南、山西、陕西、四川、湖北等地栽培。

树势较旺，树姿较直立，树冠椭圆形，分枝力强，侧芽形成混合芽率为90%以上，每果枝平均坐果1.39个。雌先型，中熟品种。坚果圆形，果基圆，果顶扁圆。纵径4.0厘米，横径3.7厘米，侧径3.9厘米，坚果重14克。壳面较光滑，缝合线两侧有较深麻点，缝合线中宽凸起，顶有小尖，结合紧密，壳厚1.0毫米。内褶壁略延伸，膜质，横膈膜膜质，可取整仁或1/2仁，出仁率54%，核仁充实饱满，仁色浅，风味好。水肥不足时易落果。

该品种长势较强，生长迅速，丰产潜力大，抗病性较强。坚果品种中等，适生能力较强，壳有一定的强度，耐清洗、漂白及运输，尤宜作加工品种，也是理想的材果兼用品种。

9. **中林5号**

由中国林科院林研所经人工杂交选育而成。1989年定名。现在河南、山西、陕西、四川、湖南等地栽培。

树势中庸，树姿较开张，树冠长椭圆至圆头形。分枝力强，枝条节间短而粗，短果枝结果为主，丰产性强，侧芽形成混合芽率98%，每果枝平均坐果1.64个。雌先型，早熟品种。坚果圆形，果基平，果顶平。纵径4.0厘米，横径3.6厘米，侧径3.8厘米，坚果重13.3克。壳面光滑，色浅，缝合线较窄而平，结合紧密，壳厚1.0毫米。内褶壁膜质，横膈膜膜质，易取整仁，出仁率58%，核仁充实饱满，色浅味香。抗病性强，水肥条件不足时坚果变小。

该品种为短枝型，坚果圆形，壳面光滑色浅，不需漂白，宜带壳销售。适合早、密、丰栽培。

10. 西扶 1 号

由西北林学院从陕西扶风隔年核桃实生后代选育而成。1989 年定名。栽培于陕西、河南、河北、山西、甘肃、北京等地。

树势中庸，树姿较开张，树冠圆头形，分枝力中等，1 年生枝条呈褐色，节间较短。雄先型，晚熟品种。侧生混合芽率 90%，长、中、短果枝比例为 25∶55∶20，每果枝平均坐果 1.3 个。坚果长圆形，果基圆形。纵径 4.0 厘米，横径 3.5 厘米，侧径 3.2 厘米，坚果重 12.5 克。壳面光滑，缝合线窄平，结合紧密，壳厚 1.2 毫米。内褶壁退化，横膈膜膜质，易取整仁，出仁率 53%。核仁充实饱满，色浅，风味好。早期丰产性强。

该品种适应性强，早期丰产，有较强的抗性。适宜在华北、西北及秦巴山区等地栽培。

11. 西扶 2 号

由西北林学院从陕西扶风隔年核桃实生树中选出。1984 年定名。栽培于陕西、甘肃、河南、河北、山西、四川等地。

树势中庸，树姿开张，分枝力强，1 年生枝条黄绿色，节间短。侧枝占枝条总数的 86%，枝条连续结果力中等。长、中、短果枝比例为 12∶65∶23。雌雄同熟型，雌花序多着生 3 朵雌花，柱头红色，坐果率 60%，以双果为多。坚果长圆形，果基圆形。纵径 3.73 厘米，横径 3.72 厘米，侧径 3.50 厘米，坚果重 15 克。壳面较光滑，缝合线窄平，结合紧密，壳厚 1.4 毫米。内褶壁退化，横膈膜膜质，易取整仁，出仁率 52%。核仁充实饱满，味甜香。该品种在不同生态条件地区均表现出早产丰产特性。

该品种适应性较强，抗旱、抗寒性强，耐瘠薄土壤，早产丰产。坚果品质优良，果实大小均匀，适宜在华北、西北及中原地区栽培。

12. **西林 2 号**

由西北林学院人工杂交育种培育而成。1989 年定名。主要栽培于陕西、河南、宁夏等地。

树势强健，树姿开张，分枝力强，节间短。侧生混合芽率 88%，每果枝平均坐果 1.2 个，长、中、短果枝比为 35∶35∶30。雌先型，早熟品种。坚果圆形。纵径 4.1 厘米，横径 3.9 厘米，侧径 3.8 厘米，坚果重 16.9 克。壳面光滑，略有小麻点，缝合线窄、平，结合紧密，壳厚 1.21 毫米。内褶壁退化，横膈膜膜质，易取整仁，出仁率 61%。核仁充实饱满，淡黄色，味脆而甜香。早期丰产性强，进入盛果期早。

该品种生长势强，早实丰产，有较强的适应性。坚果个大均匀，品质优良，宜作生食，适于华北、西北及平原地区栽培。

13. **陕核 1 号**

由陕西省果树研究所从扶风隔年核桃实生后代选出。1989 年定名。已在陕西、河南、辽宁、北京等地栽培。

树势较强，树姿半开张，树冠半圆头形，分枝力强，枝条粗、短。属短枝矮化型品种，分枝力极强，侧生混合芽率 47% ，每果枝平均坐果 1.36 个。雄先型，中熟品种。坚果近圆形，纵径、横径、侧径平均 3.48 厘米，坚果重 11.8 克，壳面光滑，壳厚 1.09 毫米.可取整仁或 1/2 仁，出仁率 60% ，仁色浅，风味好。丰产性及抗病性强。

该品种树势较强，短果枝结果，丰产。坚果较小，适宜加工销售。宜在西北、华北核桃栽培区栽培。

14. **陕核 5 号**

陕西省果树所选育。在陕西陇县、眉县、商洛等地成片栽植。现已在河南、山西、北京、辽宁、山东等地栽植。

树势旺盛，树姿半开张，枝条长而较细，分布较稀。侧生混合芽率为 100%，每果枝平均坐果 1.3 个。雌先型，陕西 9 月上旬成熟。坚果长圆形,单果重 10.7 克,壳薄,有时露仁,取仁容易,可取整仁,出仁率 55%。核仁色浅,风味甜香。较丰产。

该品种树体生长快,坚果品质优良。早期丰产性较差,核仁常不充实。宜在肥水条件较好的条件下栽植或与农作物间种。

15. **绿波**

由河南省林科所引种新疆核桃实生后代选出。1989 年定名。主要栽培于河南、山西、河北、陕西、辽宁、甘肃、湖南等地。

树势强,树姿开张,分枝力中等。1 年生枝呈褐绿色,节间较短,以短果枝结果为主,有二次枝。芽近圆形,无芽座,侧生混合芽率 80%以上,每果枝平均坐果 1.6 个,多为双果,坐果率 69%。嫁接后 2 年形成雌花,3 年出现雄花。雌先型,早熟品种。青果皮较厚,绿色,有黄色果点。坚果卵圆形,果基圆,果顶尖。纵径 4.14 厘米,横径 3.31 厘米,侧径 3.32 厘米,坚果重 11 克左右。壳面较光滑,有小麻点,缝合线窄,微凸,结合紧密,壳厚 1.0 毫米。内褶壁退化,横膈膜膜质,可取整仁,出仁率 59%左右。核仁充实饱满,色浅黄,味香而不涩。丰产。

该品种长势旺,适应性强,抗病性强,丰产、优质,宜加工核桃仁。适于华北黄土丘陵区栽培。

16. **温** 185

由新疆林科所实生选育而成。1989 年定名。现已在河南、陕西、山西、辽宁等地栽培。

树势强,树姿较开张,枝条粗壮,发枝力极强。雌先型,早熟品种。侧生混合芽率 100%,每果枝平均坐果 1.71 个。1 年生枝条深绿色,较粗壮,短果枝占 69.2%,中果枝占 30.8%,有二次枝生长,混合芽大而饱满,无芽座。坚果圆形或长圆形,果基圆,果顶渐尖。纵径 4.7 厘米,横径 3.7 厘米,侧径 3.7 厘米,平均 4.0 厘米。坚果重 15.8 克,壳面光滑,缝合线平或微凸起,结合较紧密,壳厚 0.8 毫米。内褶壁退化,横膈膜膜质,易取整仁,出仁率 65.9% 。

核仁充实饱满,色浅,味香。抗病性强。

该品种树势强,树姿开张,抗逆性强,早期丰产性极强,坚果品质极优,适宜密植栽培。

17.新早丰

由新疆维吾尔自治区原林科院实生选育而成。1989 年定名。现已在河南、陕西、辽宁等地栽培。

树势中庸,树姿开张,树冠圆头形,分枝力极强。雄先型,中熟品种。侧生混合芽率 97%,每果枝平均坐果 2 个,1 年生枝绿褐色,枝条粗壮,属中短果枝型,短果枝占 43.8%,中果枝占 55.6%,长果枝占 0.6%。坚果椭圆形,果基圆,果顶渐小、突尖。纵径 4.1 厘米,横径 3.5 厘米,侧径 3.5 厘米,平均 3.7 厘米。坚果重 13.1 克,壳面光滑,缝合线平,结合紧密,壳厚 1.23 毫米,内褶壁革质,出仁率 51.0%。核仁饱满,色浅,味香。早期丰产性强,较耐干旱、抗寒、抗病性较强。

该品种树势中庸,发枝力强,坚果品质优良,早期丰产性强,但在肥水条件差时树势易早衰,宜在水肥条件较好的地区栽培。

18.扎 343

由新疆林科所实生选育而成。1989 年定名。主要栽培于新疆阿克苏、喀什市、和田市,现已在北京、陕西、山西、河南、辽宁等地栽培。

树势强,树姿开张,发枝力强,结果母枝平均发枝 2.5 个,属中短枝型,侧生混合芽率 93%。雄先型,中熟品种。1 年生枝条呈黄绿色,枝条较细,混合芽充实饱满。实生树 2～3 年生或嫁接后 2 年出现雌花。坚果卵圆形,果基圆,果顶小而圆。纵径 4.6 厘米,横径 3.6 厘米,侧径 3.8 厘米,平均 4.0 厘米。坚果重 16.4 克,壳面光滑,缝合线窄而平,结合较紧密,壳厚 1.16 毫米。内褶壁和横膈膜膜质,易取整仁,出仁率 54%,味香。产量高,稳产。耐干旱,抗病性强。肥水条件差时种仁常不饱满。

该品种树势强，树姿开张，适应性强，产量高而稳。坚果外观美观，适宜带壳销售。雄花先开，花粉量大，花期长，是雌先型品种理想的授粉品种。

19. **强特勒**

美国品种。目前在辽宁、北京、河南、河北、山东、陕西和山西等地有少量栽培。树体中等大小，树势中庸，树姿较直立。丰产性强，侧芽形成混合芽比例在 90%以上。雄先型，中熟品种。嫁接树 2 年开花结果，4～5 年后形成雄花序，雄花较少。坚果长圆形，纵径 5.4 厘米，横径 4.0 厘米，侧径 3.8 厘米。单果重约 11 克，壳厚 1.5 毫米，壳面光滑美观，缝合线紧密。出仁率 50%，核仁浅色，品质极佳。

该品种展叶晚，黑斑病危害较轻，丰产性强，坚果品质好。雌花期很晚，在渭北等易遭受晚霜危害的地方，是一个极有前途的替代品种。

20. **维纳**

美国品种。1984 年引入中国。

树体中等大小，树势强，树姿较直立。侧生混合芽率 80%以上，每果枝平均坐果 1.2 个。雄先型。坚果锥形，果基平，果顶渐尖，坚果重 11 克，缝合线略宽而平，结合紧密，壳厚 1.4 毫米。易取仁，出仁率 50%，色浅。早期丰产性强。

该品种树势较强，在华北核桃栽培区抗寒性强于其他美国栽培品种。在中国北方雌花期在 4 月底，可避免晚霜危害。

栽培该品种时，周围宜有实生大树，或有相应雄花期晚的核桃品种。

二、晚实品种

晚实核桃结果晚，但耐瘠薄、干旱、寿命长，结实年限相对较长。目前主要有以下良种：

1.清香

日本品种。20世纪80年代初由河北农业大学引进，2003年通过河北省林木良种审定委员会审定。

树体中等大小，树姿半开张，幼树期生长较旺，结果后树势稳定。丰产性好，结果枝率60%以上，连续结果能力强。嫁接树第4年见花初果，高接树第3年开花结果，坐果率85%以上，双果率80%以上。雄先型。坚果近圆锥形，较大，单果重16.9克，壳皮光滑，外形美观，缝合线紧密，壳厚1.2毫米，内褶壁退化，取仁容易，出仁率52%～53%。种仁饱满，色浅黄，风味极佳。

该品种抗寒、抗晚霜、抗病性均很强。果形大而美观，丰产，现已在河北等地大量栽培。

2.礼品1号

由辽宁省经济林研究所从新疆纸皮核桃的实生后代中选出。1989年定名。已在辽宁、河南、北京、河北、陕西、山西、甘肃等地栽培。

树势中庸，树姿开张，分枝力中等。雄先型，中熟品种。1年生枝条灰褐色，光滑，节间长，以长果枝结果为主。混合芽圆形或阔三角形，肥大饱满。实生树6年生或嫁接树3年生出现雌花，6～8年生以后出现雄花，丰产性中等。果枝率为50%左右，每果枝平均坐果1.2个，坐果率50%以上。坚果长圆形，基部圆，顶部圆并微尖，坚果大小均匀，果形美观。纵径3.5厘米，横径3.2厘米，侧径3.4厘米，坚果重9.7克。壳面光滑，缝合线窄而平，结合不紧密，指捏即开，壳厚0.6毫米。内褶壁与横膈膜退化，极易取整仁，出仁率70%左右。核仁充实饱满，色浅，风味佳。嫁接树3年生开始结果，产量中等。

该品种坚果大小一致，壳面光滑美观，取仁容易，出仁率高，属纸皮类。抗病耐寒，适宜北方栽培区栽培。

3. **礼品 2 号**

辽宁省经济林研究所选育。1989 年定名。已在辽宁、河北、北京、山西、河南等地扩大栽培。

树势中庸，树姿半开张，分枝力较强。雌先型，中熟品种。1 年生枝条绿褐色，中短枝型，混合芽圆形或阔三角形，无芽座。实生树 6 年生或嫁接树 4 年生开花结果，高接后 3 年结果，结果母枝顶部抽生 2～4 个结果枝，果枝率 60%左右，每果枝平均坐果 1.3 个，坐果率 70%以上，多双果。坚果大，长圆形，果基圆，顶部圆微尖，纵径 4.1 厘米，横径 3.6 厘米，侧径 3.7 厘米。坚果重 13.5 克，壳面光滑，缝合线窄而平，结合较紧密，但轻捏即开，壳厚 0.7 毫米。内褶壁和横膈膜退化，极易取整仁，出仁率 67.4%，核仁充实饱满，色浅，风味佳。丰产，15 年生母树年产坚果 14.6 千克，10 年生嫁接树株产 5.4 千克。

该品种树势中等，树姿开张，丰产抗病，坚果大，壳极薄，出仁率高，属纸皮核桃。适宜于我国北方核桃栽培区发展。

4. **晋龙 1 号**

由山西省林业科学研究所从实生核桃群体中选出。1991 年定名。主要栽培于山西、北京、山东、陕西、江西等地。

幼树树势较旺，结果后逐渐开张，树冠圆头形，分枝力中等，顶芽及第二、三芽常能形成混合芽。嫁接后 2～3 年开始结果，3～4 年后出现雄花。在晚实类群中表现早果，前期结果量较少，5、6 年后明显增多，8 年生树最高株产坚果 4.2 千克。雄先型。果枝率 45%左右，果枝平均长 7 厘米，属中短果枝型，每果枝平均坐果1.5 个，坐果率 65%左右，多双果。坚果近圆形，果基微凹，果顶平。纵径 3.71 厘米，横径 3.76 厘米，侧径 3.98 厘米，坚果重 14.85 克。壳面较光滑，有小麻点，缝合线窄而平，结合较紧密，壳厚1.09 毫米。内褶壁退化，横膈膜膜质，易取整仁，出仁率 61%左右。核仁充实饱满，色浅，味香甜，品质上等。

该品种抗逆性较强，果型大，品质优。抗寒、耐旱、抗病性强，适宜在华北、西北丘陵山区发展。

5. **晋龙2号**

由山西省林业科学研究所选育。1990年定名，目前主要栽培于山西、陕西、甘肃、山东、北京等地。

树势强，树姿开张，树冠半圆形，分枝力中等。雄先型，中熟品种。果枝率12.6%，每果枝平均坐果1.53个，嫁接苗3年开始结果，8年生树株产坚果5千克左右。坚果圆形，纵径3.64厘米，横径3.86厘米，侧径3.82厘米，坚果重15.92克。壳面光滑美观，缝合线窄而平，结合紧密，壳厚1.22毫米。内褶壁退化，横膈膜膜质，可取整仁，出仁率56.7%。核仁饱满，淡黄色，风味香甜，品质上等。

该品种坚果品质优良，果型大而美观，生食、加工皆宜。丰产、稳产，抗逆性强，适宜在华北、西北丘陵山区发展。

6. **西洛1号**

原西北林学院选育。1984年定名。主要栽培于陕西、甘肃、山西、河南、山东、四川、湖北等地。

树势中庸，树姿较直立，盛果期较开张。分枝力较强，侧花芽率为12%，果枝率35%，长、中、短果枝的比例为40∶29∶31，坐果率60%左右。雄先型，晚熟品种。1年生枝条褐绿色，小叶长椭圆形，顶芽呈明显的三棱状。坚果近圆形，果基圆形。纵径3.8厘米，横径3.5厘米，侧径3.5厘米，坚果重13克。壳面较光滑，缝合线窄而平，结合紧密，壳厚1.13毫米。内褶壁退化，横膈膜膜质，易取整仁，出仁率57%。核仁充实饱满，色浅，风味香脆。

该品种果实大小均匀，品质极优，适宜于秦巴山区、黄土高原以及华北平原地区栽培。

7. **西洛2号**

原西北林学院选育。1987年定名。已在陕西、河南、四川、甘肃、山西、宁夏等地栽培。

树势中庸，树姿早期较直立，以后多开张。分枝力中等，侧花芽率为30%，果枝率44%，长、中、短果枝的比例为40∶30∶30，坐果率65%。雄先型，晚熟品种。1年生枝呈褐色。坚果长圆形，果基圆形。纵径3.9厘米，横径3.5厘米，侧径3.4厘米，坚果重13.1克。壳面较光滑，有稀疏小麻点，缝合线平，结合紧密，壳厚1.26毫米。内褶壁退化，横膈膜膜质，易取仁，出仁率54%。核仁充实饱满，色浅，味甜香，不涩。

该品种有较强的抗旱、抗病性，耐瘠薄土壤。坚果外形美观，核仁甜香。在不同立地条件下均表现丰产。适宜于秦巴山区、西北、华北地区栽培。

8.**西洛3号**

原西北林学院选育。1987年定名。现已在陕西、甘肃、河南、四川、宁夏、山西、湖北等地栽培。

树势强，分枝力中等，1年生枝条呈褐色，芽呈圆锥状，侧花芽率12%，果枝率35%，长、中、短果枝的比例为20∶25∶55，坐果率60%左右，90%为双果。雄先型，9月上中旬成熟。坚果圆形或近圆形，果基圆形，果顶较平。纵径3.82厘米，横径3.61厘米，侧径3.56厘米，坚果重14.13克。壳面较光滑，略有小麻点，缝合线窄平，结合紧密，壳厚1.20毫米。内褶壁退化，横膈膜膜质，易取仁，出仁率56%。核仁充实饱满，色浅，味甜香，不涩。嫁接树3～4年始果，7年以后进入盛果期，盛果期较丰产稳产。7年生株产坚果5千克。

该品种有较强的抗旱、抗病性，耐土壤瘠薄，丰产性能好，适于西北、华北等地栽培。

第三章 生物学特性

第一节 核桃的形态特征

核桃树系落叶大乔木，树高 10～30 米，寿命一般为 100～200 年，最长可达 800 年以上。幼树树冠半直立，进入成龄期后，树冠大而开张，呈自然半圆头或圆头状。树干皮呈灰白色、光滑、浅纵裂，老树或生长在雨量较大地区的树干皮色变暗。枝条粗壮、光滑，1 年生枝呈绿褐色，具白色皮孔。混合芽呈圆形或三角形，营养芽为三角形，隐芽很小，着生在枝条的基部；雄花芽为裸芽，圆柱形，呈鳞片状。奇数羽状复叶，复叶柄圆形，基部肥大，有腺点，脱落后叶痕呈三角形。小叶互生，小叶数 5～9 片，呈长圆形、倒卵圆形或广椭圆形，具短柄，先端微尖，基部呈心形或扁圆形，叶缘全缘或具微锯齿。雄花序为葇荑花序，长 8～12 厘米，花被 6 裂，每小花有雄蕊12～26 枚，花丝极短，花药成熟时为杏黄色。雌花序顶生，小花 2～3 朵簇生，子房外密生细柔毛，柱头 2 裂，偶有 3～4 裂，呈羽状反曲，浅绿色。果实为假核果（园艺分类属坚果），圆形或长圆形，果皮肉质，表面光滑或具柔毛，绿色，表面着黄白色果点，果皮内有 1 枚种子，外种皮骨质，也称为坚果壳或核壳，表面具刻沟或皱纹。种仁，又称坚果仁或核仁，呈脑状，被黄白色或黄褐色的种皮，上面有深浅不一的脉络。

第二节　核桃个体生长发育

核桃个体生长发育过程需经历幼龄期、初果期、盛果期和衰老期 4 个阶段，每个阶段表现出不同的形态特征和生理特点。

1. 幼龄期

核桃的幼龄期是指从种子萌发至雌花开放这段时期，栽培种核桃的幼龄期是指从苗木定植至开花结实以前的时期，这段时间的长短因核桃种类、品种和接穗年龄不同而有很大的差异，一般情况下核桃属植物实生苗的幼龄期在 6～15 年，早实类型为 1～3 年，极少类型播种当年可以开雌花，并正常结实。接穗年龄状态对嫁接苗始果期早晚影响很大，通常情况下，采用成龄态接穗所获得的嫁接苗，1～3 年内始果，幼态接穗的嫁接苗始果年龄要推迟。管理要点是加强营养生长，注意整形使其尽快形成牢固而均衡的骨架，扩大树冠。同时对非骨干枝控制或缓放，可以促使提早开花结实。

2. 初果期

从始果到大量结果之前，称为初果期。这一时期的主要特点是：树体生长旺盛，树冠快速扩大，中长枝条量急剧增多，果实产量逐年递增。随着结实量的进一步增多，树体分枝角度逐渐开张，直至离心生长渐缓，树冠大小趋于稳定。管理要点是加强综合管理，促进树体成形和增加果实产量。

3. 盛果期

从果实产量达到高峰并持续维持稳产的时期，早实核桃 8～12 年，晚实核桃 15～20 年进入盛果期。盛果期的长短除与品种特性有关外，适宜的栽培条件和良好的栽培管理措施十分重要。一般盛果期可以在几十年，甚至百年以上。该时期的营养生长和生殖生长较稳定，管理要点是注意保持树体健壮，防止结果部位外移，及时培养与更新结果枝组，维持高而稳定的产量，延长盛果期年限。

4. 衰老期

在盛果期以后，果实产量明显下降，骨干枝开始枯死，后部或树冠内膛发生更新枝，表示树体进入衰老更新期。晚实核桃和泡核桃一般 80～100 年进入此时期，早实核桃进人衰老期较早。这一时期的主要特征是：初期表现为主枝末端和侧枝开始枯死，树冠体积缩小，内膛发生较多的徒长枝，出现向心生长，产量递减；后期骨干枝发生大量更新枝，经过多次更新后，树势显著衰弱，产量急剧下降，乃至失去经济栽培价值。其管理要点为有计划更新骨干枝，形成新树冠，恢复树势，保持一定产量并延长经济寿命。

第三节　核桃的生长发育特征

一、根系的特性

根系是核桃树赖以生存的基础，是果树的重要地下器官。根系的数量、粗度、质量、分布深浅、活动能力强弱，直接影响核桃树地上部的枝条生长、叶片大小、花芽分化、坐果、产量和品质。土壤的改良、松土、施肥、灌水等重要果树管理措施，都是为了给根系生长发育创造良好的条件，以增强根系生长和代谢活动、调节树体上下部平衡、协调生长，从而达到核桃树丰产、优质、高效的生产目的。根系生长正常与否都能从地上部的生长状态上充分表现出来。

1. 根系的功能

根是核桃树重要的营养器官，根系发育的好坏对地上部生长结果有重要影响。根系有固定、吸收、储藏营养、合成、输导、繁殖6大功能。

(1)固定　根系深入地下,既有水平分布又有垂直分布,具有固定树体、抗倒伏的作用。

(2)吸收　根系能吸收土壤中的水分和许多矿物质元素。

(3)储藏营养　根系具有储藏营养的功能,果树第2年春季萌芽、展叶、开花坐果、新梢生长等所需要的营养物质,都是由上一年秋季落叶前,叶片制造的营养物质,通过树体的韧皮部向下输送到根系内储藏起来,供应树体地上部第2年开始生长时利用的。

(4)合成　根系是合成多种有机化合物的场所,根毛从土壤中吸收到的铵盐、硝酸盐,在根内转化为氨基酸、酰胺等,然后运往地上部,供各个器官(花、果、叶等)正常生长发育的需要。根还能合成某些特殊物质,如激素(细胞分裂素、生长素)和其他生理活性物质,对地上部生长起调节作用。

(5)输导　根系吸收的水分和矿质营养元素需通过输导根的作用,运输到地上部供应各器官的生长和发育需要。

(6)繁殖　有萌蘖更新、形成新的独立植株的能力。

2.根系的结构

核桃树多采用嫁接栽培,其栽培品种苗木砧木为实生苗,根系则为实生根系。核桃根系通常由主根、侧根和须根组成。

(1)主根　由种子胚根发育而成。种子萌发时,胚根最先突破种皮,向下生长而形成的根就是主根。主根的作用是固定支持上部的树干和树冠、增加根系的垂直分布深度、产生侧根,把根系吸收的水分、养分运输到地上部等。

核桃的主根在不加处理的情况下,生长过于旺盛,影响侧根和须根的形成与生长,尤其是在幼树期,核桃主根上的侧根和须根较少。因此,为了提高苗木栽植的成活率,育苗时常常采取断根措施,促进侧根和须根的形成。

(2)侧根　在主根上面着生的各级较粗大的分枝。侧根可增加根系的水平分布范围,与主根共同构成根系的骨架,作用与主根相同。树体在水平范围内对土壤水分和营养的吸收利用程度,取决于侧根的发育程度。

(3)须根　在侧根上形成的较细(一般直径小于 2.5 毫米)的根系。须根是根系的最活跃的部位,可促进根系向新土层推进,是根系的伸长生长部位,也是根系从土壤中吸收水分和养分的部位。

核桃树的须根有 60%集中分布在 20～80 厘米的土层中。须根的集中分布区是施肥灌水的重点区域。

3. 根系的分布

(1)核桃根系的垂直分布　核桃为深根性树种,主根发达,在土肥水良好条件下,成年树主根可达 6 米以上。但在土层较薄而干旱或地下水位高的地方,根系分布的深度则减少。根系垂直分布的深浅决定其对深层土壤中养分、水分的利用程度。分布越深,利用程度越高。分布越深对地上部的支撑性能越强。

核桃 1～2 年生实生苗主根生长速度高于地上部,3 年生以后,侧根生长加快,数量增加。随树龄增加,水平根扩展加速,营养积累增加,地上枝干生长速度超过根系生长(表 3—1)。

表 3—1　核桃树枝干生长与根系(河北农业大学)

树龄	树高/厘米	垂直根最大深度/厘米	枝干总重量/g	根系总重量/g
1 年生	25.9	138	101.2	100.0
2 年生	71.8	159	449.1	498.7
9 年生	409.0	320	25 969.6	10 634.0

成年核桃树根系的垂直分布主要集中在 20～80 厘米的土层中。为了促进核桃根系的加深分布,在栽植前一定要进行充分的整地改良,加深活土层到 1 米以上,为核桃根系的加深生长创造有

利的条件。在施肥灌水时，一定要达到核桃须根的主要分布区。施有机肥时，一定要使其达到 60 厘米。

核桃根系的分布状况常因土壤条件不同而有所变化，在黄土、褐土中根深树壮，而在棕壤、棕壤下为石块或黏壤土中根浅树弱。栽植应选壤土并且土层深厚的地方或深翻土层，有利于根系的加深生长。

(2)核桃根系的水平分布特征与栽培　核桃侧根水平延伸较远而且须根多，一般在立地条件良好时，成年树主根最深可达 6 米，侧根水平延伸可达 10～12 米。根冠比(根幅直径/冠幅直径)通常为 2 左右，须根的主要水平分布区在树冠外缘的垂直投影以内 1～1.5 米，树冠外缘下最多。因此，施肥时应重点在此部位。每年施有机肥时沿树冠外缘向内开沟，采用环状沟施，只施外围，逐年外移；采用放射状沟施时，也是内浅外深，内少外多；穴储肥水时也是在树冠外缘下开穴。

4. 根系的生长发育

(1)一生中生长动态　核桃根系在播种后 1～2 年内，垂直根生长很快，水平根和地上部生长缓慢；3 年以后根系的水平生长加快，地上部分生长也随之加快，至树冠最大时，根系也相应分布最广。

核桃根系的生长与品种类群、树龄及立地条件关系密切。一般而言，早实核桃比晚实核桃根系发达，幼龄树表现尤为明显。据观察，1 年生早实核桃较晚实核桃根系总数多 1.9 倍，根系总长度多 1.8 倍。细根的差别更大，这是早实核桃的一个重要特性。发达的根系有利于对无机盐和水分的吸收，有利于树体内营养物质的累积和花芽形成，从而实现早结实，早丰产。当外围枝叶开始枯衰、树冠缩小时，根系生长也减弱，且水平根先衰老，最后垂直根衰老死亡。要注意根系的适当更新复壮。

核桃幼苗时根比茎生长快。据测定，1 年生核桃主根长可为主干高的5倍以上,2年生约为主干高的2倍,3年生以后侧根数量增多,地上部生长开始加速,随年龄增长侧根逐渐超过主根。成年核桃树根系的垂直分布主要集中在30～60厘米的土层中,约占总根量的80%以上,水平分布主要集中在以树干为圆心的4米半径范围内,大体与树冠边缘相一致。

此外,已有研究证实,核桃树有菌根,其比正常吸收根短8倍,粗1.3倍,集中分布在5～30厘米土层中。土壤含水量为40%～50%时,菌根发育最好。树高、干径、根系和叶片的发育状况均与菌根的生长发育呈正相关,表明菌根对核桃树体生长具有促进作用。

(2)年生长动态　核桃根系的生长与其他果树一样,没有自然休眠,只要温度和水分等条件适宜,周年均可生长。核桃根系生长的起始温度为8～10℃,适宜温度为18～23℃,最高温度为28～30℃。在温度、水分满足需要的情况下,核桃根系生长的快慢受营养条件的制约。

①根系的生长高峰期　根系一般有2～3个高峰期,分别在萌芽开花前、新梢停长后到果实迅速膨大前和采果后。

②核桃根系的生长与施肥

核桃根系的生长与施肥时期　核桃根系旺盛生长期形成的根毛及吸收根最多,吸收能力最强,肥料的吸收效率最高。土壤改良和有机肥施用应选在核桃根系生长的高峰期,最好在核桃采收后立即进行。

施肥对根系生长的影响　核桃根系生长有趋肥性,在同一地块或同一植株上,肥沃土壤根量大,生长好;瘠薄土壤根量少,生长差;核桃根系会自动追踪肥料生长,施肥会诱导根系分布,施肥时应注意把肥料施在适宜根系生长的土层中。有机肥施用过浅(0～20厘米)会造成根系上浮,分布浅,浅层土壤环境条件不稳定,冬天会冻结,夏天温度可超过30℃,干旱时浅层最旱,最不适宜根系生长。

根系的生长与其他管理　春季发芽前，根系处于恢复生长阶段，应注意松土覆膜，以提高地温，促进根系生长与吸收。新栽幼树，一定要覆膜。成龄树于萌芽前应晚浇第一水或提早到土壤刚解冻时浇第一水。高温干旱季节，灌水外也应地面覆草，降低地温。秋季除施肥也要注意浇水，促进根系吸收营养，增加树体储藏营养。在幼树期，为尽快扩大树冠，应深耕、扩穴、增施有机肥等，促成强大根系。

5.影响根系生长的因子

(1)地上部有机养分的供应　根系的生长与养分、水分的吸收运输与合成所需能量物质都依赖于地上部有机营养供应。结果过多、早期落叶、叶片损伤等都引起有机营养供应不足，抑制根系生长。

(2)温度　温度过高过低都会影响核桃根系的正常生长，一般其生长的最适温度低于枝条生长的最适温度。

(3)土壤水分　核桃根系在田间最大持水量的55%～90%范围内可正常生长，最适为田间最大持水量的60%～80%。土壤水分过低，吸收根迅速老化、大量死亡。但轻微干旱可改善土壤通气状况，抑制地上部生长，使较多有机营养运到根部，对根系生长发育有利。土壤水分过多，通气不良，有害气体积累可使根系中毒。

(4)土壤类型　土壤中细小孔隙为毛细管孔隙，能储存和运送土壤水分，核桃根系的比例以30%～35%为宜；粗大的孔隙是土壤空气流通的空间，比例以10%以上为宜。肥沃土壤有机质多，孔隙大，比例适宜。壤土和砂壤土是最好的肥沃土壤，而黏重土壤通气不良，砂土毛管孔隙太少，都应改良后才适于核桃根系生长。

二、芽的特性

1.芽的类型

根据核桃芽的性质和特点，将核桃芽分为混合芽、叶芽、雄花芽和潜伏芽四大类。

(1)混合芽　芽体肥大，近圆形，鳞片紧包，萌发后抽生枝、叶和雌花序。晚实核桃的混合芽着生于一年生枝顶部1～3个节位处，单生或与叶芽、雄花芽上下呈复芽状态着生于叶腋间。早实核桃除顶芽为混合芽外，其余2～4个侧芽(最多可达20个以上)也均为混合芽。

图3—1　叶芽和雌花芽

(2)叶芽　亦称营养芽。萌发后只抽生枝和叶，主要着生在营养枝顶端及叶腋间，或结果枝混合芽以下，单生或与雄花芽叠生。早实核桃叶芽较少，叶芽呈宽三角形，有棱，在一年生枝上以春梢中上部叶芽较为饱满。一般每芽有5对鳞片。

(3)雄花芽　萌发后形成雄花序，多着生在一年生枝条的中部或中下部，数量不等，单生或叠生。形状为圆锥形，呈裸芽状。核桃雄花芽着生数量与类群或品种特性、树龄、树势等有关，老树、弱树、结果小年树雄花芽量大。雄花芽过多，消耗养分水分多，影响树势和产量，应加以控制或疏除。

(4)潜伏芽　又叫休眠芽。属于叶芽的一种，在正常情况下不萌发，当受到外界刺激后才萌发，成为树体更新和复壮的后备力量。主要着生在枝条的中下部或基部，单生或复生，基部多单生，中下部复生，位于雄花芽和叶芽下方。呈扁圆形，瘦小，有3对鳞片。常随枝条的加粗生长而隐埋于皮下，其寿命可达数十年之久。

核桃树各类芽的着生排列方式甚多，可单生或叠生，有雌芽或叶芽单生的；雌、叶芽叠生；雄、雌芽叠生；叶、雄芽叠生；叶、叶芽叠生；雄、雄芽叠生等。叠生的双芽，着生在前者为副芽，后者为主芽。

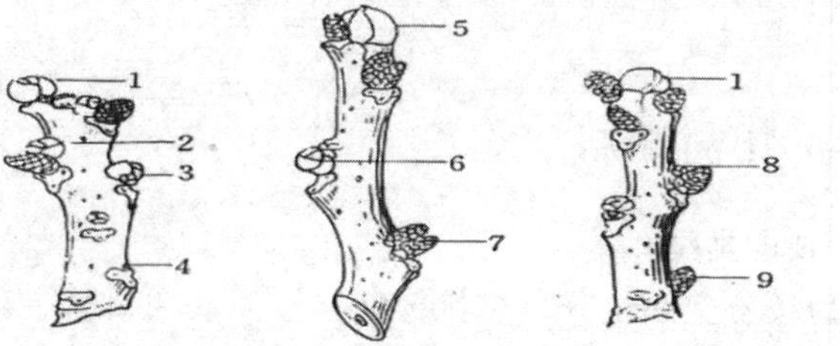

1.顶雌芽　2.雌雄叠生芽　3.叶叶叠生芽　4.潜伏芽　5.顶叶芽
6.雌叶叠生芽　7.雄雄叠生芽　8.叶雄叠生芽　9.雄芽

图3－2　芽的类型

2.芽的特性

(1)芽的异质性大　芽的异质性是在同一枝梢上不同部位的芽，由于发育过程中内外条件不同而形成的芽在质量上的差异。春梢上部和秋梢中上部的芽体饱满，有的分化成混合花芽，萌发后可以开花结果，有的可抽生壮枝；而春梢下部和春秋梢交界的盲节上部的芽体比较瘦弱，有的萌发后抽生弱枝，有的甚至不萌发而成为潜伏芽，这种部位不同、冬芽质量不同的现象称为异质性。

核桃的异质性大，整形修剪时要充分利用核桃冬芽的异质性，需要扩大树冠时，在1年生枝条的中上部剪截，促发壮枝；需要结果时尽量不短截，需要培养结果枝组时，在下部弱芽处剪截。

(2)萌芽力高　萌芽力是1年生枝上的叶芽萌发成枝梢的能力。核桃的萌芽率高，多数核桃品种1年生枝条上的冬芽，在翌春萌芽率比较高，可达70%以上。

(3)成枝力低　成枝力是1年生枝上的叶芽萌发长成长枝(30厘米)的能力。核桃冬芽萌发后抽生成长枝的能力不高，一般每个壮枝上可抽生2～3个长枝。扩大树冠时，为防止内膛空虚，应对壮的延长枝进行中短截或重短截。

(4)潜伏力强　芽的潜伏力是潜伏芽能再次萌发成枝的能力，以年龄寿命来作标准。核桃潜伏芽的寿命长达十几年甚至几十年。

三、枝的特性

1.枝的类型

(1)按着生部位分　核桃树的枝按照其在树体上的部位可分为主干、主枝、侧枝和新梢。

主干：是指从地面到第1主枝之间的树干部。从第1主枝往上的树干位于树的中央，直立向上，生长最强的这段树干叫中央领导干。

主枝：是指主干以上的永久性大枝。

侧枝：是指着生于主枝上的永久性大枝。主枝、侧枝是构成树冠的骨架。

新梢：是指由叶芽新萌发出的带叶枝条，分为春梢和秋梢。

(2)按枝龄分　核桃的枝按生长年龄可分为新梢、二次枝、1年生枝、2年生枝和多年生枝。

新梢：是指由叶芽新萌发出的带叶嫩枝。根据新梢生长时期大致可分为春梢、秋梢，春梢是从发芽开始到6、7月份生长的枝条。秋梢是6、7月份高温季节过后，在秋季由春梢顶端继续萌发生长的1段枝梢。

二次枝:新梢上的侧芽萌发形成的枝条叫二次枝。

1年生枝:指前1年生长形成的枝条。

2年生枝:指前2年生长的枝条。1年生枝条着生在2年生枝条上。

多年生枝:指2年生以上的枝条。

(3)按枝的长短将枝分为 叶丛枝(1～3厘米)、短果枝(3～5厘米)、中果枝(5～15厘米)、长果枝(15～30厘米)、发育枝(30厘米以上)。

(4)按生长发育及作用特征分 核桃的枝按照其生长发育的特征可分为营养枝、结果枝和雄花枝。

①营养枝 也叫生长枝。根据枝条生长势又可分为发育枝和徒长枝两种。发育枝是由上年叶芽发育而成的健壮营养枝,顶芽为叶芽,萌发后只抽枝不结果,是扩大树冠增加营养面积和形成结果枝的基础。徒长枝多由树冠内膛的休眠芽(或潜伏芽)萌发而成,徒长枝角度小而直立,一般节间长,枝条长可达1～2米,不充实。数量过多,会大量消耗养分,生产中要加以控制或促其形成结果枝组,老树可用以更新复壮。

②结果枝 着生混合芽的枝条称为结果母枝,由混合芽萌发出具有雌花并结果的枝条称为结果枝。健壮的结果枝顶端可再抽生短枝,多数当年亦可形成混合芽。早实核桃还可当年形成当年萌发,当年开花结果,称为二次花和二次枝果。结果枝上着生混合芽、叶芽(营养芽)、休眠芽和雄花芽,但有时缺少叶芽或雄花芽。

结果枝按长度和结果情况可分为:①长结果枝:大于20厘米,能连续结果;②中结果枝:10～20厘米,结果能力次于长结果枝;③短结果枝:小于10厘米,短结果枝结果能力差。

③雄花枝 是指除顶端着生叶芽外,其他各节均着生雄花芽而较为细弱短小的枝条。雄花枝顶芽不易分化混合芽。雄花枝量

多是树势衰弱和品种不良的表现，消耗营养也多，修剪时多数疏除。

2. 枝的生长习性

核桃枝条的生长受年龄、营养状况、着生部位及立地条件等因素的影响。一般幼树和壮枝 1 年中有 2 次生长，形成春梢和秋梢。春季在萌芽和展叶的同时抽生新枝，随着气温的升高，枝条的生长加快，于 5 月上旬(华北地区)达旺盛生长期，6 月上旬第 1 次生长停止，短枝和弱枝 1 次生长后即形成顶芽。健壮发育枝和结果枝可出现第 2 次生长，而旺枝夏季不停止生长或生长缓慢，春秋梢交界处不明显。2 次生长现象一般随年龄的增长而减弱。

核桃枝条的萌芽力和成枝力因品种(类型)而异，一般早实桃桃 40%以上的侧芽都能发出新梢，而晚实核桃只有 20%左右。

四、叶的特性

1. 叶的类型及特点

核桃叶片为奇数羽状复叶，其数量与树龄和枝条类型有关。正常的 1 年生幼苗有 16～22 片复叶，结果初期以前，营养枝上复叶 8～15 片，结果枝上复叶 5～12 片。结果盛期以后，随着结果枝大量增加，果枝上的复叶数一般为 5～6 片，内膛细弱枝只有 2～3 片，而徒长枝和背下枝可多达 18 片以上。复叶上着生的小叶数依不同核桃种群而异。核桃种群的小叶数为 5～9 片，一年生苗多为 9 片，结果枝多为 5～7 片，偶有 3 片者。铁核桃种群的小叶数为 9～11 片。小叶由顶部向基部逐渐变小，在盛果期树上尤为明显。

复叶的多少与质量对枝条和果实的发育关系很大。据观测，着双果的枝条要有 5～6 片以上的正常复叶，才能保证枝条和果实的发育，并保证连续结实。低于 4 片的，尤其是只有 1～2 片叶的果枝，难于形成混合芽，且果实发育不良。

2.叶面积指数与叶幕

(1)叶面积指数 核桃属喜光树种，生产上须注意使树体内的叶片基本处于核桃的光补偿点以上，尽量减少无效叶片。为保持叶片良好的光合性能，必须使全部叶片得到相对光强30%以上的光照条件。叶面积指数应当保持在3～4.5之间，严防树冠郁闭。

(2)叶幕 叶片在树冠内的集中分布区称为叶幕。核桃树叶幕层的厚度一般不能超过60厘米，过厚则影响内膛的光照强度。在整形修剪时，要注意调节核桃树冠叶幕层的分布。尤其在密植园内，更要控制叶幕层厚度，不能超标。

五、开花与结果

1.花芽分化

叶芽的生理和组织状态转化为花芽的生理和组织状态称为花芽分化。

(1)雄花芽分化 雄花序的分化，多数地区于4月下旬至5月上旬，雄花芽原基就已形成，5月中旬雄花芽的直径达2～3毫米，表面呈现出不明显的鳞片状，5月下旬至6月上旬，小花苞和花被的原始体形成，可在叶腋间明显看到表面呈鳞片状的雄花芽，到翌年4月份，雄花芽迅速发育完成并开花散粉。雄花芽的分化时间较长，一般从开始分化至雄花开放约需12个月。

(2)雌花芽分化 核桃雌花芽的分化包括生理分化期和形态分化期。

①生理分化期 核桃雌花芽的生理分化期约在中短枝停止生长后的第3周开始，到第4至6周为生理分化盛期，第7周已基本结束。华北地区在5月下旬到6月下旬。生理分化期也称为花芽分化临界期，是控制花芽分化的关键时期。此时花芽对外刺激的反应敏感，可以人为地调节雌花的分化。如在枝条停长之前，可通过修剪措施如摘幼叶，调节光照，少施氮肥，减少灌水，喷生长延缓

剂等，以控制生长，减少消耗，增加养分积累，调节内源激素的平衡，从而促进雌花芽的分化；相反，如需树势复壮，则可采取有利于生长的措施，如多施氮肥，去掉部分老叶等则可抑制雌花分化，促进枝叶生长。

②形态分化期　雌花芽的形态分化是在生理分化的基础上进行的，整个分化过程约需 10 个月才能完成。据观察，雌花开始分化期在 6 月中下旬至 7 月上旬，雌花原基出现期为 10 月上中旬，冬前在雌花原基两侧出现苞片、萼片和花被原基，以后进入休眠停止期，翌春 3 月中下旬继续完成花器各部分的分化，直至开花。早实核桃二次花分化从 4 月中旬开始，5 月下旬分化完成，二次花距一次花 20～30 天。

因雌花芽形态分化期需消耗大量的营养物质，应及早供给和补充养分。因此，掌握雌花形态分化期，对核桃丰产栽培具有重要意义。

2. **开花**

核桃由营养生长向生殖生长转变是一个复杂的生物学过程。其开花结实早晚受遗传物质、内源激素、营养物质以及外界环境条件的综合影响，不同类群核桃开始进入结果期的年龄差别很大，早实核桃在播种后 3～4 年，而晚实核桃则在 8～10 年生时才开始结实。不过，适当的栽培措施如嫁接繁殖可以提早开花结实。早实核桃嫁接后 1～2 年、晚实核桃 3～5 年即可开花结实。根据花的性质可分为雌花和雄花 2 种，它们分别着生于同树但不同芽内，故称雌雄同株异花。但早实核桃中偶有雌雄同花序或同花者。

(1)雌花　雌花芽为混合芽，单生或 2～4 朵簇生，有时 10 个以上群生于新梢顶端，总苞绿色，包于子房外面，表皮密生细绒毛(或无毛)，萼片 4 裂，着生在总苞的上面，子房下位，1 室，柱头羽状 2 裂，表面凸凹不平，成熟时反卷，常有黏液分泌物。柱头长约 1 厘米，浅黄色或粉红色。

春季混合芽萌发后，结果枝伸长生长，在其顶端出现带有羽状柱头和子房的幼小雌花，5～8天后子房逐渐膨大，柱头开始向两侧张开，为初花期。4～5天后，柱头向两侧呈倒八字形开张，并分泌出较多、具有光泽的黏状物，为盛花期，此时接受花粉能力最强，为授粉最佳时期。经4～5天后，柱头分泌物开始干涸，柱头反卷，为末花期，授粉效果较差。之后柱头逐渐枯萎，失去授粉能力。有些早实核桃品种有二次开花现象。

(2)雄花　着生于2年生枝条中下部的雄花序上。柔荑花序下垂，平均长8～12厘米，偶有20～25厘米。花丝极短，花药黄色，有沟隔成2室，每室平均有花粉900粒，1个花序可产花粉0.3～0.5克。而有生活力的花粉约占25%，当气温超过25℃时，会导致花粉败育，降低坐果率。雄花过多，消耗养分和水分则多，影响树体生长和结果。试验证明，早期疏除雄花90%～95%，增产效果明显。

春季雄花芽开始膨大伸长，由褐变绿，从基部向顶部逐渐膨大。经6～8天花序开始伸长，基部小花开始分离，萼片开裂并能看到绿色花药，为初花期。6天后花序伸长生长停止，花药由绿变黄，为盛花期。1～2天后雄花开始散粉，为散粉期，散粉结束，花序变黑而干枯，称为散粉末期。

散粉期遇低温、阴雨、大风天气，对自然授粉极为不利，宜进行人工辅助授粉，以增加坐果和产量。

(3)雌雄异熟　核桃为雌雄同株异花植物，在同一株树上雌花开花与雄花散粉时间常不能相遇，称为雌雄异熟。有3种表现类型，一是雌花先于雄花开放，称为雌先型；二是雄花先于雌花开放，称为雄先型；三是雌雄同时开放，称为同熟型。一般雌先型和雄先型较为常见，自然界中，2种开花类型的比例约各占50%，但在现有优良品种中雄先型居多。

雌雄异熟除为品种的特性外，也受树龄和环境条件的影响。

如同一品种的幼树常表现更强的异熟性。温度、水分、空气湿度、土壤类型、土壤湿度等环境因素都能影响其异熟程度,这种雌雄异熟性对其授粉作用有不良影响,是核桃低产的原因之一,应将雌雄花同时开放的品种混栽或雌花先开的品种配置雄花先开的授粉树。

核桃一般每年开花1次。早实核桃具有两次开花结实的特性。二次花着生在当年生枝顶部。花序有3种类型:第一种是雌花序,只着生雌花,花序较短,一般长10～15厘米;第二种是雄花序,花序较长,一般为15～40厘米,对树体生长不利,应及早去掉;第3种是雌雄混合花序,下半序为雌花,上半序常出现两性花:一种是雌花子房基部着生雄蕊8枚,能正常散粉,子房正常,但果实很小,早期脱落;另一种是在雄花雄蕊中间着生一个发育不正常的子房,多早期脱落。2次雌花多在1次花后20～30天时开放,如能坐果,坚果成熟期与1次果相同或稍晚,果实较小,用作种子能正常发芽。用2次果培育的苗木与1次果苗木无明显差异。

核桃花期的早晚受春季气温的影响较大。即使同一地区不同年份,花期也有变化。对一株树而言,雌花期可延续6～8天,雄花期延续6天左右;1个雌花序的盛期一般为5天,1个雄花序的散粉期为2～3天。

3. 坐果

(1)结果特性　核桃树开始结果的年龄,因类型和品种而异,早实核桃嫁接苗1～2年,晚实核桃3～5年开始结果。初结果树,多先形成雌花,3～5年后才出现雄花。成年树雄花量多于雌花几倍乃至几十倍,以致因雄花过多而影响产量。

早实核桃树各种长度的当年生枝,只要生长健壮,都能形成混合芽。晚实核桃树生长旺盛的长枝,当年都不易形成混合芽,形成混合芽的枝条长度一般在5～30厘米。

成年核桃树以健壮的中、短结果母枝坐果率最高。在同一结果母枝上，以顶芽及其以下1～2个腋花芽结果最好。结果枝坐果的多少，与品种特性、营养状况和所处部位的光照条件有关。一般一个果序可结1～2个果，也可着生3果或多果及枇杷状坐果。着生于树冠外围的结果枝结果好，光照条件好的内膛结果枝也能结果。健壮的结果枝在结果的当年还可形成混合芽。坐果枝中有96.2%于当年继续形成混合芽，而弱果枝中能形成混合芽的只占30.2%，说明核桃结果枝具有连续结实的能力。核桃树喜光与合轴分枝的习性有关，随着树龄的增长，结果部位迅速外移，果实产量集中于树冠表层。

早实核桃的二次雌花常能结果，所结果实多呈一序多果穗状排列。二次果个体较小，但能成熟并具发芽成苗能力，苗木的生长状况同一次果的实生苗无甚差异，且能表现出早实特性，所结果实的形状大小也正常。

(2)孤雌生殖　有些核桃品种或类型不需授粉，也能正常结出有生活力的种子，这种现象称为孤雌生殖，对此国内外均有报道。虽然核桃具有一定的孤雌生殖能力，但孤雌生殖力随品种和年份变化而变化。河北省涉县林业局于1983年观察发现，核桃孤雌生殖率可达4.08%～43.7%，且雄先型树高于雌先型树。国外有研究曾观察了38个中欧核桃品种在9年中的表现，其中有孤雌生殖现象者占18.5%。原西北林学院科研人员用纸袋隔离花粉，并对雌花和果实进行细胞形态学研究发现，未受精的雌花坐果形成的核桃是由体细胞发育形成的。这表明，不经受精的核桃也能结出一定比例的有生殖能力的种子，而且用其种子播种形成的苗木和母本性状一致。

4. 落花落果

核桃雌花末期子房未经膨大而脱落者为落花，子房发育膨大而后脱落者为落果。在核桃果实快速生长期中,落果现象比较普遍,多数品种或类型落花较轻,落果较重。但也有研究表明核桃落花现象亦很严重,落花率常因品种而异,一些品种落花率可达50%以上,最高可达90%左右。

核桃落果多集中在柱头干枯后30～40天,即生理落果。核桃自然落果率可达30%～50%。在同样条件下,早实核桃落果率高于晚实核桃,但早实核桃品种间落果情况也有差异,高者达80%,少者10%左右。

核桃落果原因主要是授粉受精不良、花期低温、树体营养积累不足、干旱及病虫害等。

针对落果原因,结合核桃生物学特性,在加强土、肥、水管理的基础上,采取花期叶面喷肥(加硼酸0.2%～0.3%),人工辅助授粉和疏除过多雄花芽等措施可有效提高坐果率。

(1)疏雄　雄花过多,消耗养分和水分过多,会影响树体生长和结果,早期疏雄(除掉雄花芽或雄花约90%)有明显的增产效果。一般在雄花芽未萌动前20天内,对栽植较集中和雄花芽较多的核桃树,采用人工掰除的方法,在树冠不同部位保留5%左右的健壮雄花芽,其余的全部疏除。

(2)疏果　对坐果率高的早实品种,尤其是因树弱而挂果多的树,在生理落果后,即雌花受精后的20～30天,当子房发育到1.0～1.5厘米时疏除弱树或细弱枝上的幼果。疏除量依树势及栽培条件而定,一般中等以上立地条件和中等偏旺树势,每平方米树冠投影面积留果量为60～80个,立地条件优越和树势很强的核桃树,每平方米树冠投影面积留果80～100个。

(3)花期喷肥　结合核桃生物学特性,在加强土、肥、水管理的基础上,进行花期叶面喷肥(加硼酸0.2%～0.3%)。

(4)加强病虫害的预防及防治工作,提高坐果率。

六、果实发育及成熟

从核桃雌花柱头枯萎，到总苞（青皮）变黄开裂，坚果成熟的整个过程，称为核桃的果实发育期。其长短因生态条件的变化而异，一般南方为 170 天左右，北方为 120 天左右。核桃果实发育大体可分为 4 个时期：

1.果实速长期

一般从 5 月初到 6 月初，约 30～35 天，是核桃果实生长最快的时期。其体积生长量约占全年总生长量的 90％以上，重量达 70％左右，日平均绝对生长量达 1 毫米以上。随着果实体积的迅速增长，胚囊不断扩大，核壳逐渐形成，但白色质嫩。

2.果壳硬化期

亦称硬核期。从 6 月初到 7 月初，约 35 天，坚果核壳自果顶向基部逐渐变硬，种核内隔膜和褶壁弹性及硬度逐渐增加，壳面呈现刻纹，硬度加大，种仁由浆状物变成嫩白核仁，果实大小基本定型，营养物质迅速积累，6 月中旬至 7 月初的 20 天内，脂肪含量由 6.91％增加到 29.24％。

3.油脂迅速转化期

从 7 月初到 8 月下旬，共 50～55 天，为坚果脂肪含油量迅速增加期，核仁不断充实饱满，重量迅速增加，含水率下降，核仁含水率由 6.20％下降到 2.95％，脂肪含量由 29.24％增加到 63.09％，风味由甜淡变成香脆。

4.果实成熟期

从 8 月下旬至 9 月上旬，15 天左右，果实各部分已达该品种应有的大小，坚果重量略有增加，青果皮由绿变黄，有的出现裂口，坚果易脱出。据研究，此期坚果含油仍有较多增加，为保证品质，不宜过早采收。

第四节　核桃对环境条件的要求

一、温度

核桃属喜温树种，适宜的年均气温是9℃～16℃，极端最低温度－25℃，极端最高温38℃。核桃在休眠期，幼树在－20℃时可出现冻害，成龄树虽能耐－30℃低温，但在－28℃～－26℃时，枝条、雄花芽及叶芽均易受冻害。气温超过35℃，光合作用停止，接近38℃会引起果实或枝干遭受“日灼”，核仁难以发育，常形成空苞。春季展叶后，遇到－4℃～－2℃的低温时，新梢易被冻死。开花期和幼果期气温下降到－2℃～－1℃时，花、果会受冻而减产。

二、光照

核桃属喜光阳性树种，进入结果期更需要充足的光照条件。一般要求全年日照时数在2 000小时以上，才能满足核桃的正常生长发育。低于1 000小时，核桃壳、核仁均发育不良。在雌花开花期，光照条件好，坐果率明显提高；阴雨低温天气，易造成大量落花落果。核桃园边缘植株生长好，结果多；同一植株外围枝条比内膛枝结果多，品质好，均因光照条件好所致。因此，核桃栽培在园地选择、栽植密度、栽植方式及整形修剪等方面，必须考虑树体的通风、透光条件。

三、土壤

核桃为深根性树种，具有庞大的根系和树体，适宜在土层深厚（土壤厚度在1米以上）、疏松肥沃、保水保肥、透气性良好的壤土和砂壤土上生长。核桃适宜生长的pH值为6.5～8.2之间，最适

pH 值为 6.5～7.5，即在中性或微酸性土壤上生长最好。土壤含盐量宜在 0.25％以下，稍有超过即对生长结实有影响，含盐量过高则导致死亡。核桃喜肥，除要求土壤肥力较高外，每年还应注意增施有机肥。

四、水分

核桃对空气湿度的适应性强，能耐干燥的空气（晴朗而干燥的气候能促进开花结实，并提高坚果品质），但对土壤水分比较敏感，在年降雨量 500～700 毫米且分布均匀的地区，基本可以满足核桃生长发育的需要。否则，要通过灌溉加以补充。果实迅速生长期和硬核期有充足的水分，有利于果个增大，核仁饱满。

土壤过干过湿均不利于核桃的生长和结实。当土壤含水量为田间最大持水量的 60％～80％时较适合于核桃的生长发育，当土壤含水量低于田间最大持水量 60％时，核桃的生长发育受影响，造成落花落果，叶片枯萎，需要适时灌水。土壤水分过多或长时间积水，会使根系呼吸受阻，严重时可使根系窒息、腐烂，影响地上部生长发育，甚至死亡。

平地建园要考虑排水问题，地下水位应距地表 2 米以下。结果树遇秋雨频繁，会引起青皮早裂，导致坚果变黑，降低果实的营养和商品价值。

五、地形地势

海拔高度在 500～1 200 米之间较为适宜。宜选择排灌良好的川道平地、背风向阳的沟坪地、台地、低山丘陵地和坡度在 15°以下的缓坡地。避免在山谷、低洼下湿地和风口地带栽植，坡塬地应在坡面的中下部土壤深厚处栽植。

六、环境条件

核桃园附近应尽量避开工业废气、污水和灰尘过多的地方，使用农药、化肥时必须符合国家有关农产品生产环保要求。

七、交通运输条件

道路畅通，交通方便，有利于机械化作业，有利于产、供、销等经营活动。

八、其他

在柳树、杨树、槐树生长过的地方栽植核桃，易感染根腐病。

第四章

良种苗木培育

第一节　采穗圃的营建

为了迅速繁殖优良品种，逐步实现核桃品种化和苗木标准化，在核桃产区应建立良种采穗圃。采穗圃有永久性采穗圃（单纯采穗圃）和临时性采穗圃（兼用采穗圃）。前者专供接穗采集，而不考虑结果多少，定植后第2年每株可产接穗1～2根，第3年3～5根，第4年8～10根，第5年10～20根，以后则要考虑树形和果实产量，并在适当时期将采穗圃转为丰产园。后者除每年提供一定数量的接穗，还要生产一定的坚果，因此，必须加强土、肥、水管理及病虫害的防治，合理修剪，确保树体健壮。

一、圃地选择

采穗圃要选择地势平坦、背风向阳、土壤肥沃、有排灌条件、交通方便的地方，尽可能建在苗圃地附近。

二、整地施肥

采穗圃以生产大量品种纯正的优质接穗为目的。定植前圃地必须细致整地，施足基肥，一般亩施农家肥3 000～5 000千克，配合施入过磷酸钙50千克。

三、品种及苗木选择

采穗圃品种可以是1个,也可以是几个,但必须是经过审定且适宜当地发展的良种。建圃所用苗木一定要严格选择,必须是优良品种(或品系)的嫁接苗。品种一定要纯正,无病虫害,来源可靠。若用几个品种建圃,应按设计图准确排列,栽后要填写登记表,绘制定植图。

四、栽植密度

采穗圃的密度可稍小,一般为3米×3米或3米×4米,每亩55株~74株。

五、树形选择

核桃优质接穗多在树冠上部,树形多采用开心形或圆头形,树高控制在3米左右。

六、采穗圃的管理

采穗圃的管理对母树使用年限、产穗数量和质量都有很大影响。由于每年需从母树上采集大量接穗,必须给予足够的养分补充和精细的综合技术管理,才能弥补损失掉的营养物质,使母树长势不衰。

1.土肥水管理

定植后3年内在行间间种绿肥作物,也可间作适宜的农作物或经济作物,这样既可充分利用土地,增加收入,又可防止杂草丛生。每年秋季(9~10月)要施基肥,每亩3 000~4 000千克。追肥和灌水重点放在前期,发芽前和开花后各追肥1次,每次每亩追施硫酸铵20千克,灌水主要在3~5月份,每月灌水1次,也可结合追肥进行。夏秋控制肥水,防止枝条徒长并控制二次枝,10月下旬结合施基肥，浇足封冻水。生长季节每次灌水后中耕除草，雨季注意排涝。

2. 采穗与修剪

核桃休眠期剪锯口常有伤流液，采穗过多伤流量大，叶面积减少易削弱树势。因此，不能过量采穗，特别是幼龄母树，采穗时要注意有利于树冠形成，保证树形完整，使采穗量逐年增加。修剪时期一般在春季萌芽前20～30天进行。

修剪内容主要是调整树形，疏去过密枝、干枯枝、下垂枝、病虫害枝和受伤枝。春季新梢长到30～40厘米时对生长过强枝摘心，不但可以促发分枝，增加接穗数量，还可防止因生长过粗而不便嫁接利用。另外因采穗树的雄花没有利用价值，一般在雄花开始膨大时要及时抹除，减少养分消耗。

3. 病虫害防治

采穗圃每年大量采集接穗，造成伤口较多，加上伤流液长期不止而造成枝干腐烂，易招致病害蔓延，必须及时防治。采穗圃最易发生的病害有腐烂病、黑斑病、炭疽病等。无论病害严重与否，都要以防为主。一般在春季萌芽前喷1次5波美度石硫合剂；6～7月每隔10～15天喷等量式波尔多液1次，连喷3次。秋冬季及时清理圃内枯枝残叶，消灭病原菌。对引进的苗木或接穗及本圃外运的接穗，必须严格检疫，防止危险性病虫害的侵入。

4. 建立技术档案

采穗圃的技术档案主要有“定植图”“登记表”“记载表”等。定植图的内容包括采穗圃的区划、各品种的数量、分布位置等；登记表的主要内容是采穗圃的地理位置、立地条件、面积、苗木来源、规格、品种、株行距、定植时间等；记载表的主要内容是采穗圃的管理措施，苗木生长量调查情况，每年采穗时间、数量、质量、销售去向等。这些观察记载项目事先制定统一格式和记载标准，并制成表格。前2种是在建圃时绘制或登记，记载表则要经常坚持记录。

第二节　砧木苗的培育

砧木苗是指利用种子繁育而成的实生苗，主要用作嫁接苗的砧木。砧木的质量直接影响嫁接成活率及建园后的经济效益。

一、砧木种类

1. 核桃(共砧或本砧)

用普通核桃实生苗作砧木，嫁接亲和力强，成活率高，生长和结果良好。目前我国北方地区普遍采用。生产中注意种子来源尽可能一致，以免后代个体差异太大，影响嫁接品种的生长发育。

2. 核桃楸

核桃楸又称楸子、山核桃，主要分布在我国东北和华北各地。具有抗寒、抗旱、适应性强的特点，是核桃属中最耐寒的一个种，适于北方各省栽植。但在生产中，用其实生苗作砧木，嫁接成活率和保存率均不及核桃本砧高；嫁接部位高时易出现“小脚”现象。

3. 野核桃

适用山地丘陵，在湖北、江苏、云南、四川等省用作砧木。

4. 铁核桃

在云南、贵州等地应用较多。

5. 枫杨

枫杨又名枰柳，水槐树，几乎遍存于南北各省，根系发达，适应性较强。用其嫁接核桃保存率很低，不宜在生产上大力推广。

二、砧木苗的培育

1. 采种及贮藏

(1)采种　选择生长健壮、无病虫害、种仁饱满的壮龄树(30～

50年生)为采种母树。种用坚果必须充分成熟,即坚果青皮由绿变黄并开裂时即可采收。此时的种子内部生理活动微弱,含水量低,发育充实,最易贮存。若采收过早,胚发育不完全,贮藏养分不足,晒干后种仁干瘪,发芽率低,即使发芽出苗,生活力弱,难成壮苗。种用核桃不用漂洗,可直接将脱青皮的坚果捡拾晾晒。未脱青皮的可堆沤脱皮或用乙烯利处理,3～5天后即可脱去青皮。难以脱皮的青果成熟度差,不宜做种子。晾晒的种子要薄层摊在通风干燥处,不宜在水泥地面、石板或铁板上受阳光曝晒,以免影响种子生活力。

(2)贮藏　核桃种子无后熟期,秋播种子在采收后一个多月即可播种。有的带青皮播种,晾晒不需干透。多数地区以春播为主,春播种子贮藏时间较长,贮藏时应注意保持低温(5℃左右)、低湿(空气相对湿度50%～60%)和适当通气,保证种子经贮藏后仍有正常的生活力。核桃种子的贮藏方法主要是室内干藏法,其中分普通干藏法和密封干藏法两种。

①普通干藏法　将秋季采收的干燥种子装入袋或缸等容器内,放在经过消毒的低温、干燥、通风的室内或地窖内。种子少时可以装袋吊在屋内,既防鼠害,又可通风散热。

②密封干藏法　种子如需过夏,可将种子装入双层塑料袋内,放入干燥剂并密封,然后放进可控温、控湿、通风的种子库或贮藏室内。

此外,也可采用室外湿沙贮藏法。即选择排水良好、背风向阳、无鼠害的地方,挖深0.7～1.0米,宽1.0～1.5米,常依种子量而定的贮藏坑。贮藏前,种子应进行水(或盐水)选,将漂浮于水上,种仁不饱满的种子弃除,将饱满种子浸泡2～3天取出沙藏。先在坑底铺一层湿沙(手握成团不滴水为宜),厚约10厘米,其上放一层核桃,然后用湿沙填满空隙,厚约10厘米,依次分层铺放,直至距坑口20厘米处,再用湿沙覆盖与坑口取平,上面用土培成屋脊形。同时于贮藏坑四周开出排水沟,以防积水进入坑内,造成种子霉烂。为保证贮藏坑内空气流通，应于坑的中间(坑长时每隔2米)竖一把稻草(或秸秆)，直达坑底。坑上覆土厚度可依当地气温高低而定。早春注意检查坑内种子状况，防止霉烂(图4—1)。

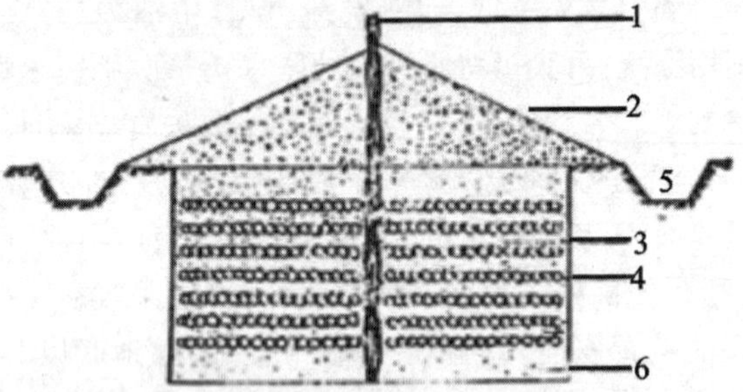

1.秸秆　2.沙土　3.细沙　4.种子　5.排水沟　6.粗沙

图4—1　坑藏种子示意图

2.圃地选择与整地

(1)圃地选择　选择圃地是育苗成败的基础。苗圃地应选择地势平坦、土壤肥沃、土质疏松、背风向阳、排水良好、有灌溉条件且交通方便的地方。切忌选用撂荒地、盐碱地(含盐超过0.25%)以及地下水位在地表1米以内的地方作苗圃地。此外，也不能选用重茬地，因重茬可造成必需元素的缺乏和有害元素的积累，从而降低苗木产量和质量。

(2)整地　圃地的整理，也是保证苗木生长和质量的重要环节。整地主要是指对土壤进行深翻耕作。通过整地可以增加土壤的通气透水性，并且有蓄水保墒、翻埋杂草残茬、混拌肥料以及消灭病虫害等作用。由于核桃幼苗的主根很深，深耕有利于幼苗根系的生长，翻耕深度应因时因地制宜。秋耕宜深(20～25厘米)，春耕宜浅(15～20厘米)；干旱地区宜深，多雨地区宜浅；土层厚时宜深，河滩地可浅；移植苗宜深(25～30厘米)，播种苗可浅。北方宜在秋季深耕并结合施肥灌冻水，春播前可再进行浅耕1次，然后耙平供播种用。

3. **播种前种子的处理**

核桃秋播种子不需处理，可直接播种。春季播种时，对未经沙藏的种子要提前进行浸种处理，常用的方法有：

(1)冷水浸种法　播前7～10天将种子浸在冷水中，水要淹没种子，每天换水1次，当有20%的种子裂口时，即可播种。

(2)冷浸日晒处理　将冷水浸泡过的种子，置于阳光下曝晒，待大部分种子裂口时即可播种。

(3)温水浸种处理　将种子放在80℃温水缸中，然后搅拌使其自然降至常温，浸泡8～10天，每天换水一次，待种子膨胀裂口后，捞出播种。

4. **播种**

(1)播种时间　可分为春播和秋播。北方地区宜在春季播种，一般在3月下旬至4月初进行，以10厘米的地温达10℃以上为宜。秋播宜在土壤封冻前进行(一般10月下旬至11月下旬)，不宜过早或过晚。秋播的好处是不必进行种子处理，春季出苗整齐，苗木生长健壮。若用青皮核桃育苗，也可于9月核桃采收后开沟点播。

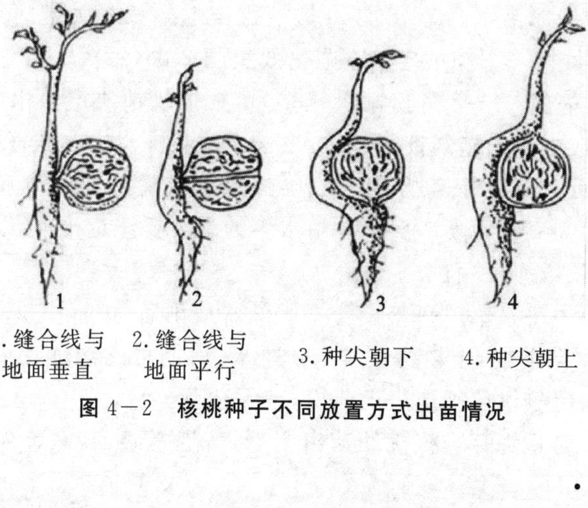

1. 缝合线与地面垂直　2. 缝合线与地面平行　3. 种尖朝下　4. 种尖朝上

图4—2　核桃种子不同放置方式出苗情况

(2)播种方法　核桃属大粒种子，生产中多采用点播。为便于嫁接，可采用宽窄行播种，宽行 60 厘米，窄行 30 厘米，株距 25 厘米。播种时将种子缝合线与地面垂直放置，种尖向一侧摆放。播种深度为种子直径的 3～5 倍，覆土厚度 5～10 厘米(图 4－2)。

(3)播种量　核桃播种量因种子大小和质量不同而异，每千克种子 120 个以上每亩播种量 80 千克，每千克种子 100 个以下每亩播种量 120 千克。青皮核桃育苗每亩需种量 400 千克左右，亩留苗 6 000株左右。在鼠兔危害严重的山区，不宜进行青皮核桃育苗。

5. 播种苗苗期管理

核桃春播后 20 天左右开始发芽出苗，40 天左右出齐。要培育健壮的砧木苗，必须加强田间管理。

(1)补苗　当苗木大量出土时，应及时检查，若发现缺苗严重，应及时补苗。采用水浸的种子重新点播，或将边行或多余的幼苗带土移栽进行补苗。

(2)施肥灌水　一般在苗木出齐前不需灌水，以防土壤板结。但由于北方春季常干旱多风，土壤保墒能力较差，影响出苗率，因此需及时灌水，并视具体情况进行浅松土。当苗出齐后，为了加快生长，应及时灌水。5～6 月份是核桃苗木生长的关键时期，一般需要灌水 2～3 次，并结合追施速效氮肥 2 次，每次每亩施硫酸铵 10 千克左右。7～8 月份雨量较多，可根据墒情决定灌水与否，并在灌水或雨后追施磷钾肥 2 次，冬前要灌封冻水。此外，幼苗生长期间还可进行根外追肥，用 0.3%的尿素或磷酸二氢钾溶液喷洒叶面，每 7～10 天喷一次。在雨水多的季节要注意排水，以防苗木晚秋徒长或烂根死亡。

(3)中耕除草　每年结合施肥灌水或雨后，进行中耕除草 2～4 次。幼苗前期，中耕深度 2～4 厘米，后期可逐渐加深到 8～10 厘米，保持核桃苗圃地表土疏松，地无杂草。

(4)防止烧芽　核桃幼苗出土后，若遇暴晒，其嫩茎先端往往容易焦枯。为了防止烧芽，一方面要注意播前的整地质量，另一方面可在播后进行地面覆草，以降低地温，减缓蒸发，增强苗势。

(5)苗木断根　核桃直播苗木往往主根很长，侧根较少，挖苗困难，且移栽后成活率低，缓苗期长。为了控制主根伸长生长，促进侧根发育，提高苗木质量及移栽成活率，可在夏末秋初对砧木苗进行断根。即在行间距离苗木基部 20 厘米处，用铁铲成 45°角斜插入地面，将主根切断。或在行间距苗木基部 20 厘米的一侧开沟，深 10～15 厘米，用铁锨斜插沟底内侧，将主根切断。断根后要加强肥水管理，促进伤口愈合及侧根发育(图 4－3)。

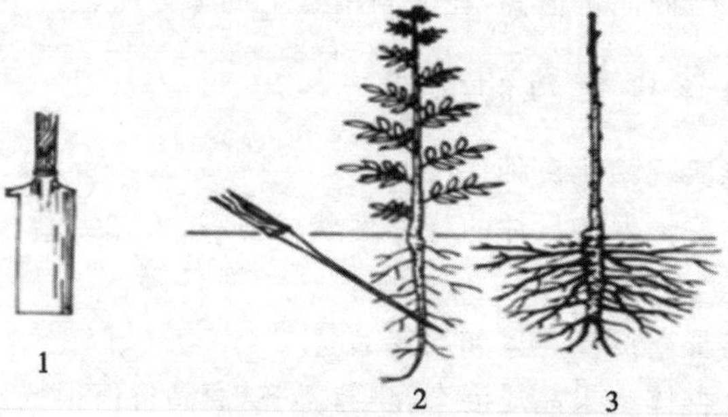

1. 铁铲　2. 斜铲断根　3. 断根后苗木根系生长情况

图 4－3　苗木断根

(6)病虫害防治　核桃苗期主要病虫害有黑斑病、炭疽病、根腐病、象鼻虫、刺蛾、金龟子、大青叶蝉等。防治方法除在播前进行土壤消毒和深翻外，对核桃苗木根腐病可用甲基托布津 1 000 倍液浇灌根部，每亩用药液 250～300 千克，然后用消石灰撒于苗茎基部及根际土壤，抑制病害蔓延。对黑斑病、炭疽病等病害可在其发病前每隔 10～15 天喷 1∶1∶200 倍波尔多液 2～3 次，发病期喷 70％甲基托布津可湿性粉剂 800 倍液进行防治。对核桃虫害要适时喷药防治，药剂有 2.5％溴氰菊酯 3 000 倍液，80％敌敌畏乳油 1 000 倍液或 50％杀螟松 2 000 倍液。

第三节　嫁接苗的培育

我国核桃生产过去大多采用实生繁殖，由于实生苗木遗传基础比较复杂，后代分离较大，不同单株间表现型差异很大，结果期早晚可相差3～4年，乃至7～8年，产量相差几倍甚至几十倍，坚果品质差异更大(图4－4)。嫁接繁殖是实现核桃优种化，早结果、早丰产的一项重要技术措施，它具有保持优良母株特性，早结果、早丰产、商品价值高，充分利用野生资源等优点。

一、嫁接繁殖的特点

1.能实现核桃良种化

能很好地保持母体的优良性状，迅速扩大繁殖优良品种和优系，加速实现核桃良种化。

2.能显著提高产量和改善品质

实生群体坚果品质混杂，良莠不齐，商品价值很低。采用嫁接繁殖，其群体后代坚果品质基本一致，可保持优种优质，满足内销外贸的要求。

3.能提早结果

由于种子发芽后长出的新苗，必须生长发育到一定的年龄后，才能进入开花结果期，因此，实生繁殖的核桃树一般结实较晚，早实型实生核桃3～4年才开始结果，晚实型实生核桃8～10年开始结果。嫁接树所采用的接穗，都是从成年树上采取的枝和芽，把它们嫁接在砧木上，成活后的枝条已具有成年树的发育特点，故嫁接繁育的苗木能提早结果。早实型核桃一般1～2年即可开花结果，晚实型核桃只需3～5年便可结果。

4.充分利用核桃种质资源

我国核桃资源丰富,野生砧木种类多、分布广,利用野生资源嫁接核桃,可达到生长快、结果早、扩大核桃栽培区域的结果。

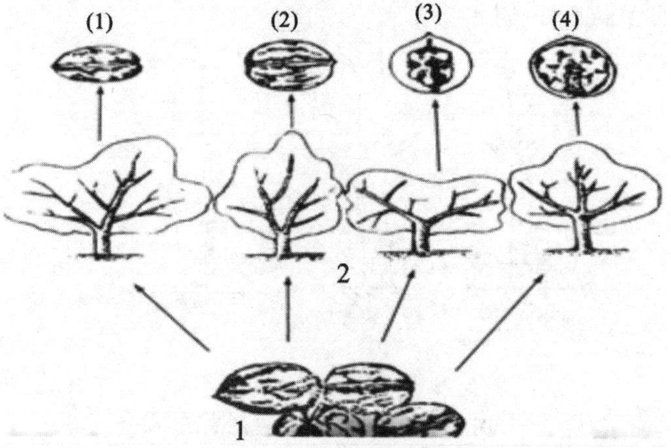

1.同一棵母树上采收的种子 2.播种后长出的后代生长结果不一致
(1)个头小,椭圆形(2)个头大,近圆形
(3)壳厚,出仁率低(4)壳薄,出仁率高
(注:摘自高新一 :王玉英编著的《果树林木嫁接技术手册》)

图4—4 核桃种子繁殖后代的分离情况

二、影响嫁接成活的主要因素

嫁接是苗木繁殖中的关键技术。核桃是较难嫁接成活的树种,影响其嫁接成活的因子很多,主要包括砧穗间的亲和力、砧穗质量、伤流、温湿度、嫁接时间和嫁接方法等。

1. 砧、穗亲和力对嫁接成活的影响

有无亲和能力和亲和能力的强弱,是嫁接能否成活和成活后生长好坏的首要条件,也是影响嫁接成活的重要内在因素。亲和力的大小,一般决定于亲缘关系远近。同品种间嫁接亲和力最强;同种异品种间嫁接亲和力也较强;同属异种间嫁接亲和力较以上次之;同种异属间嫁接亲和力一般很弱,不同科间嫁接亲和力最弱,嫁接较难成活。目前,渭南市核桃砧木多采用核桃本砧,砧穗之间为同种内嫁接,亲和力强,接后容易形成愈伤组织,嫁接成活率高且生长良好(图4—5)。

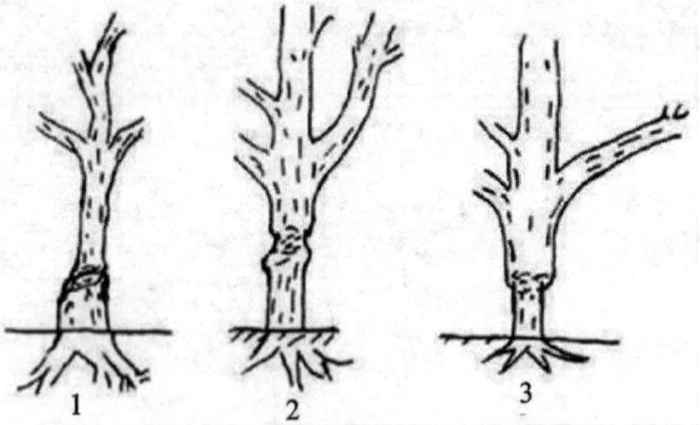

1.大脚　　2.环缢　　3.小脚

图4—5　嫁接亲和不良的表现

2.砧、穗质量对嫁接成活的影响

对于有亲和力的树种,嫁接的成活,则决定于生活力。而砧穗生活力的强弱,集中反映在砧穗的质量上。砧穗质量好,生活力强,嫁接成活率高。因此,嫁接时宜选用生长良好,充实健壮,无病虫害的1～2年生实生苗作砧木。接穗质量对嫁接更为重要,其质量可依长短、粗细、充实程度和保鲜状况等指标来综合衡量。一般来说,生长的愈伤组织越多,嫁接成活率也越高。据研究,当接穗髓心率(髓心直径占枝条直径的比率)为6.25%～14.29%时愈伤组织的生长量较大,当髓心直径超过枝条直径的一半时不能用作接穗,当髓心率为22.4%时成活率最高。

一般来说,在同一株采穗母树上,春季生长的接穗充实健壮,木质化程度高,髓心小,嫁接成活率高;秋季生长的接穗不充实,木质化程度差,髓心大,嫁接成活率低。在同一发育枝上,中下部枝段(春梢)做接穗最好(芽中等大),顶梢(秋梢)质量差,一般不能用。试验表明，接穗粗度在1.51～2.4厘米时成活率较高，且取枝条中段成活率最高。

接穗含水量也是影响嫁接成活的重要因子。接穗采集后至嫁接前，在运输和贮藏过程中水分逐渐减少，从而降低成活率。因此，在接穗采集、运输、贮藏及嫁接过程中，要尽量减少水分消耗。据研究，当接穗枝条含水量低于38.48%时（即失水率超过11.75%），不能产生愈伤组织，因此，接穗的含水量对保证嫁接成活至关重要。

此外，接穗的休眠程度对成活率也有一定的影响，接芽未萌动的接穗成活率高。如果贮藏期间温度过高，芽膨大或萌发，接穗内部水分和营养物质消耗较大，影响愈伤组织的形成，嫁接成活率也会降低。

3.“伤流液”对嫁接成活的影响

核桃枝干受伤后容易出现“伤流液”，尤其在休眠期表现极为明显，它是影响嫁接成活的重要因子。伤流液过多，造成嫁接口处缺氧，抑制砧、穗的呼吸作用和愈伤组织的形成，降低嫁接成活率。“伤流液”的多少受温度、湿度、土壤水分和气候变化等多种因子的制约，也与核桃的物候期、树龄和生长势等因素有关。同一株树不同部位伤流量也不同。为了减少伤流量对嫁接成活的影响，生产中常采取嫁接前断根、放水、提前剪砧、推迟嫁接时间等措施减少“伤流量”。

（1）推迟嫁接时期　伤流随植株的萌芽生长而逐渐减少，为此，先将接穗放在湿沙或冷库中贮藏（贮藏温度保持在0℃～5℃），防止接穗干枯、发芽和霉变，待砧木展叶时再嫁接，可以有效防止伤流的危害，提高嫁接成活率。

（2）放水或留“出水口”　嫁接前，在接口下部的砧木近地面处刻伤，深达木质部，让“伤流液”从伤口处流出来。或在砧木切口下端留“出水口”或“出水槽”，减少接口伤流量，提高嫁接成活率。

4. **温度和湿度对嫁接成活的影响**

核桃愈伤组织的形成和增生与温度密切相关。露天枝接气温宜在26℃以上，低于15℃不能形成愈伤组织，超过35℃时抑制愈伤组织产生。实践证明，气温连续3～5天稳定在26～28℃，能明显提高嫁接成活率。

湿度也是影响嫁接成活率的重要因子之一，核桃嫁接时对湿度的要求较其他果树严格。砧木由于自身根系能吸收水分，通常都能形成愈伤组织。接穗由于脱离了母体，只有在适宜的温度和湿度条件下，才能保持其生活能力，产生愈伤组织。尤其是嫁接后，接穗周围的湿度极为重要，太低或太高，都会因为过度失水或通气不良，导致干枯或呼吸受阻窒息而死。据研究，当土壤含水量保持在14%～17%，温度在23.5～29℃时接口愈合最快，嫁接成活率也最高。因此，选择适宜的嫁接时间、干旱时于嫁接前对圃地进行灌溉、嫁接时采用地膜绑扎保湿等，都是提高嫁接成活率的有效措施。

5. **嫁接时间对嫁接成活的影响**

嫁接时间通过温度、湿度和伤流量等因子影响嫁接成活率。各地应根据本地区核桃的物候期特点选择适宜的嫁接时期。春季硬枝嫁接适宜的嫁接时期为砧木萌芽至展叶期(雄花膨大伸长到散粉之前)，渭南市核桃枝接最适时期一般在3月下旬至4月底。此时树木生理活动旺盛，气温逐渐回升，空气湿度增加，伤流逐渐减少，砧穗愈合快，嫁接效果明显。嫁接过早，气温低，天气干燥多风且变化剧烈，砧穗生理活动微弱，加之伤流量大，嫁接成活率低。嫁接过晚，气温升高而湿度降低，接穗已萌发，使接口失水变干，嫁接后接穗易霉烂，或在削面还未形成愈伤组织前，接芽先萌发，形成“假活”现象。

芽接在砧木与接穗生长最旺盛时期，也就是形成层和薄壁组织的细胞分裂最迅速时期，这时为新梢加粗生长高峰期，应在砧木达到要求粗度，接芽成熟(新梢封顶)的前提下越早越好，最好在雨季来临之前结束。5月下旬至6月中旬是渭南市核桃芽接的最佳时期，此时砧穗容易离皮，枝条已半木质化，芽近于成熟，雨季尚未来临，嫁接成活率高。过早枝条幼嫩，芽未成熟，无法使用；过晚遇上雨季，降低成活率，当年生长量小，难以越冬。

三、嫁接苗的培育

1.接穗选择

首先应选好采穗母树。采穗母树应为生长健壮、无病虫害的优良品种植株，选好后应及时做好标记。也可建立专门的采穗圃，采穗圃内的核桃树应是优良品种(品系)的嫁接树或高接树。合格的枝接穗条标准是：枝接穗条长1米左右，粗1～1.5厘米的发育枝，枝条要求生长健壮，发育充实，髓心较小，无病虫害。芽接所用接穗应是木质化较好的当年发育枝，所采接穗应成熟饱满，幼嫩新梢不宜作接穗。

2.接穗的采集、处理和贮藏

枝接接穗采集时间从核桃落叶后到翌春萌芽前均可进行。但因各个地区气候条件不同，采集的具体时间亦有所不同。对于北方核桃抽条严重或枝条易受冻害的地区，以秋末冬初(11～12月)采集。此时采集的接穗要妥善保存，关键是防止贮藏过程中接穗水分损失；冬季抽条和寒害轻微地区或采穗母树为成龄树时，可于春季萌芽前20～30天采穗，此时接穗可作短期贮藏(图4－6)。

枝接接穗处理包括剪截和蜡封，一般在嫁接前进行。接穗采集后，去掉梢部，剪成长50厘米左右，立即蜡封处理。每30～50条为一捆，埋藏在背阴处5℃以下的地沟内保存，也可装入大塑料袋内放入0～5℃的恒温库贮藏。芽接接穗应从当年生健壮发育枝和结果枝上采集，利用接穗上成熟饱满的芽进行嫁接。多为夏季随接随采，也可预先采集，标明品种，短期贮藏，但贮藏时间一般不超过4～5天，贮藏时间越长，成活率越低。芽接接穗采后要立即去掉复叶，减少水分蒸腾,并设法保湿,放于阴凉处备用。从外地采集芽接接穗时,必须用湿润的木屑保湿,外用塑料膜包装封好后启运。

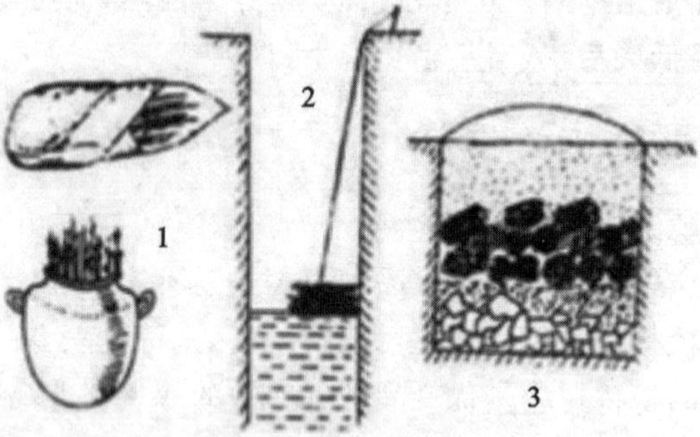

1.罐贮　2.井贮　3.窖贮

图 4－6　接穗的贮藏

核桃接穗经蜡封处理,可以提高嫁接成活率。据试验表明,在早春干旱极为严重,用普通接穗难以成活的情况下,用蜡封接穗嫁接,能提早愈合、发芽,且生长快,长势强,成活率高。

蜡封接穗可使接穗表面形成一层薄薄的蜡膜,封住了接穗表皮气孔和接穗两端剪口,可有效防止水分蒸发。同时,降低了接穗的呼吸强度,减少了营养物质的损耗,起到保持接穗新鲜并具有生活力的效果。使用蜡封接穗嫁接核桃,能提高嫁接成活率,一是在嫁接前,运输和贮藏期内,保证了接穗新鲜,具有分生愈合组织的能力;二是从嫁接到成活半个月时间内,即使外界大风干旱,仍能保持接穗不致失水干枯,保证形成层继续活动,形成愈伤组织,从而极大地提高嫁接成活率。

具体操作方法:

(1)蜡封工具　备口径 35 厘米左右的铁锅或铝锅一口,温度计(可测 200℃左右)、修枝剪、竹筛、火炉、石蜡等。

(2)蘸蜡　在锅内放石蜡适量,水少许(占石蜡容积的 1/4～

1/3)，在火上加热至石蜡融化。当蜡液温度达 90℃左右，即可蘸蜡。为了使蜡液均匀地密封在穗条上，每次不要拿的太多，一般取 3～5 根即可。蘸时先拿住条子的一头迅速在石蜡液中蘸一下，然后倒过来蘸另一端。蘸蜡要迅速，一蘸即取，不能重复。蘸后放在竹筛内，待石蜡充分冷却后，每 50 根一捆，挂好品种标签，装入塑料袋并扎好袋口，放入窖内或低温处待用。也可采用大小锅蘸蜡处理，即大锅内盛水小锅内装石蜡，加热蘸蜡处理(图 4—7)。

1. 接穗　2. 石蜡　3. 容器　4. 水　5. 火源

图 4—7　蜡封接穗

3. 砧木的选择

选择砧木，应根据不同栽培区域的生态条件和当地生产情况，确定合适的砧木类型。实践证明，我国北方地区采用核桃本砧作砧木效果较好；南方地区则以野生核桃和铁核桃作砧木为宜。砧木苗应为 1～2 年生树，地径在 1.2 厘米以上。高接换优时，砧木树龄可较大(一般不超过 20 年生)，砧桩嫁接部位多是侧枝或副侧枝，砧桩横断面宜在 8 厘米以下。

4. 嫁接时间

春季硬枝嫁接，宜在砧木萌芽至展叶期，陕西黄土高原以 3 月 20 日至 4 月底为最佳嫁接时间。3 月 20 日以前嫁接，新生芽容易遭受 4 月上旬倒春寒危害，4 月底以后嫁接，接穗上的芽容易脱落。芽接多在5月20日至6月底，以5月20日至6月20日为最适期。也可以根据当地小麦物候期，以小麦发黄的时间最好。此时嫁接温、湿度适合愈伤组织形成，嫁接后接芽萌动快、生长量大、苗木木质化程度高。

5. **嫁接方法**

根据核桃嫁接时期及所用接穗的不同，分枝接和芽接两大类。常用的枝接方法有劈接、插皮舌接、插皮接和双舌接。芽接方法有"T"字形、方块形、"工"字形和大方块形芽接。

(1)枝接

①劈接　砧木粗度和接穗粗度大体接近，将砧木离地面10～20厘米处剪截，用刀从砧木中间垂直劈入，深7厘米左右，接穗长12厘米左右，有2个饱满芽，接穗下端5～6厘米处两侧各削对称的大削面，外侧稍厚，下端成盾形。然后撬开砧木劈口，插入接穗，使接穗形成层与砧木形成层对齐，接穗削面上端微露，下端蹬空，与砧木劈缝下端有0.5～1厘米的距离，有利单宁从砧木缝隙流走，提高嫁接成活率。嫁接后要及时抹掉砧木上的萌芽。此嫁接成活率可达95%以上(图4－8)，在渭南地区春季苗木嫁接广泛应用推广。

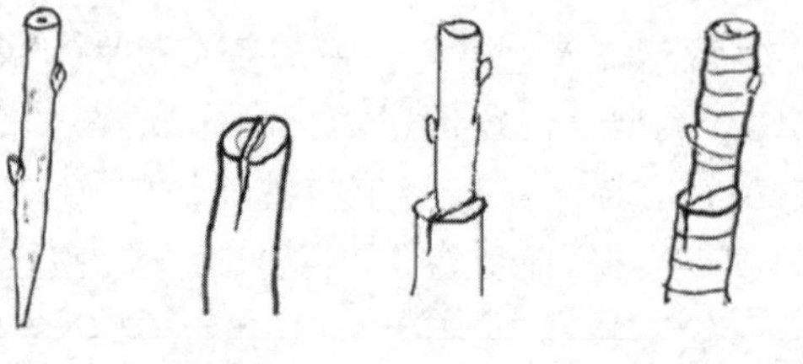

接穗削面　　砧木劈口　　插接穗　　捆扎、缠地膜

图4－8　劈接

②插皮舌接　适用于粗砧木及大树高接时使用。接穗剪成长12～15厘米，保留2～3个饱满芽，下端削成6厘米左右马耳形斜面。在砧木离地面不超过30厘米的地方选通直光滑处截断，选一

光滑侧面，削去粗皮，露出嫩皮，其削面大小略大于接穗削面，并在砧木侧削面从上端至下端纵切 2 厘米的切缝。把接穗前端用手捏开，使接穗下端削面背面的皮层与木质部分离，将接穗的木质部插入砧木的木质部和韧皮部皮层之间，使接穗的外皮贴在砧木的嫩皮上，接穗插入砧木，微露削面，用麻绳或聚乙烯条紧扎嫁接部位，然后用地膜将嫁接部位和接穗缠严，接穗有芽处用单地膜缠严（图 4－9）。嫁接后及时抹除砧木上的萌芽，促进接穗芽萌发，嫁接一个月后，新梢 15 厘米左右要绑护扶枝，防止风折。

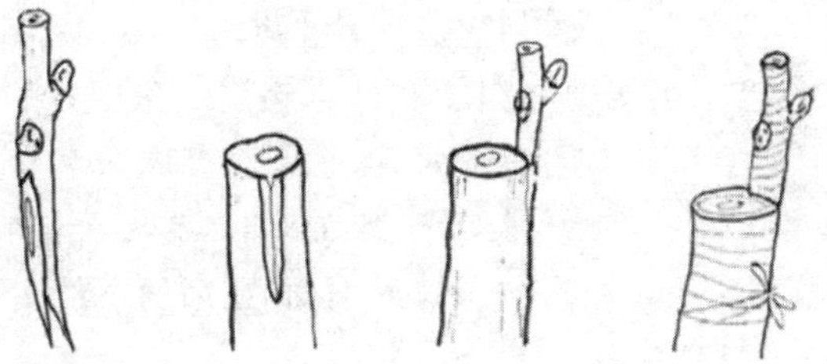

图 4－9　插皮舌接

③插皮接　又叫皮下接，要求砧木离皮。首先剪断或锯断砧木，削平锯口，在砧木光滑处，由上向下垂直划一刀，深达木质部，长约 1.5 厘米，顺刀口用刀尖向左右挑开皮层。接穗的削法是：先将接穗下端一侧削成一个大削面（开始先向下切，并超过中心髓部，然后斜削），长 6～8 厘米；其背面有两种削法：一种是在两侧轻削去皮层（从大削面背面往下 0.5～1.0 厘米处开始）；另一种是从大削面背面 0.5～1.0 厘米处往下的皮全部切除，露出木质部。前一种削法在插接穗时要在砧木上纵切，深达木质部，将接穗顺刀口插入，接穗内侧露白 0.7 厘米左右；后一种削法在插接穗时不需纵切砧木，直接将接穗的木质部插入砧木的皮层与木质部之间，使两者的皮部相接，然后用地膜包严缠紧，接穗有芽处用单地膜包扎（图 4－10）。

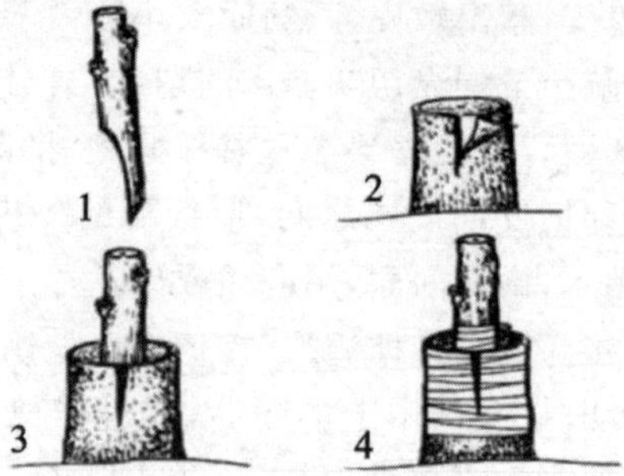

1. 接穗切削　2. 砧木开口　3. 插入接穗　4. 接口包扎

图 4－10　**皮下接**

④双舌接　当接穗的粗度和砧木粗度一致时，采用双舌接技术，增加了接穗和砧木的愈合面，提高了嫁接成活率。

接穗粗 0.8～2 厘米，长 10～15 厘米，具有 2 个饱满芽，在下面芽的反面削成 5～6 厘米的马耳形削面，在削面下端 1/3 处向上纵切一刀，深 2 厘米左右。在 1～3 年生砧木上，选一离地面不超过 30 厘米的光滑处截断，同接穗一样削一舌状马耳形削面，在削面上端 1/3 处向下纵切一刀，深度 4～5 厘米左右，然后将接穗和砧木舌状面互相钳接，用麻绳或聚乙烯条扎紧，用地膜把嫁接部位和接穗缠严，接穗芽处用单地膜缠严，嫁接后及时抹除砧木萌芽(图 4－11)。

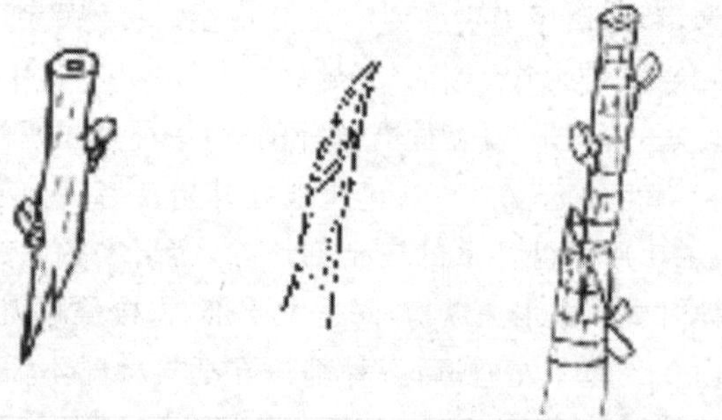

接穗削面　　砧木削面　　嫁接后绑紧、缠地膜

图 4－11　**双舌接**

⑤嫩枝嫁接 核桃嫩枝嫁接能弥补核桃芽接和硬枝接之间的不足，其成活率可达80%以上，当年新梢生长高达30厘米以上。

嫁接时间 嫩枝嫁接时间在5月下旬至6月底，越早越好，陕西关中以5月20日至6月20日为最佳。这个时期叶芽成熟，枝条半木质化，气温达25℃左右，嫁接后愈伤组织易愈合。

砧木 选择生长健壮的1～2年生普通核桃实生苗的当年生半木质化枝条。

接穗选择与处理 接穗质量要求一定要严格，应在优良的母树上选择树冠外围生长健壮、半木质化的当年生发育枝，直径0.5～1.0厘米，芽体饱满、无病虫害和机械创伤。采集的接穗应及时除去叶片，留2厘米左右长的叶柄，以减少水分蒸发。嫩枝接穗应贮放在阴凉、潮湿的地方，盖以湿布，贮藏期一般不超过三天，最好是随采随接，以提高嫁接成活率。

嫁接方法 在砧木当年新梢中部剪断，然后在截面中部向下竖开一刀，深度为2～3厘米，在接穗上选择一个饱满芽，在芽下2～3厘米处截断，枝段4～5厘米，在芽下部两侧各削2～3厘米的削面，将嫁接部位绑紧，然后用地膜将嫁接部位和接穗缠紧，在接穗的芽处用单地膜缠扎。

接后管理 嫁接后20天左右接芽开始膨大，30天开始展叶，在此期间要做好砧木的除萌抹芽工作。接穗新梢生长期，结合灌水可追施一次尿素，每亩25千克，同时要注意防治红蜘蛛等病虫害。8月份以后适当控制浇水，停施速效性氮肥，多施磷钾肥，8月下旬对新梢进行摘心，促其木质化，防止冬季冻害。

(2)芽接

①方块芽接 嫁接时在砧木当年生枝条上取长3～4厘米，宽0.5厘米左右的长方形皮块，并在砧木切口处下方留“出水口”或“出水槽”。在接穗上取同样大小带有一个饱满芽的芽片（接穗芽片宽度稍小于砧木切口宽度），接芽内维管束（护牙肉）保持完整，

将芽片贴于砧木切口处，用地膜绑紧缠严，接芽处用单地膜缠严(图4—12)。嫁接部位上留2个复叶，待嫁接芽萌发后在嫁接部位上端约4厘米处剪除砧木段，促进新芽生长。嫁接后及时抹除砧木上的萌芽。

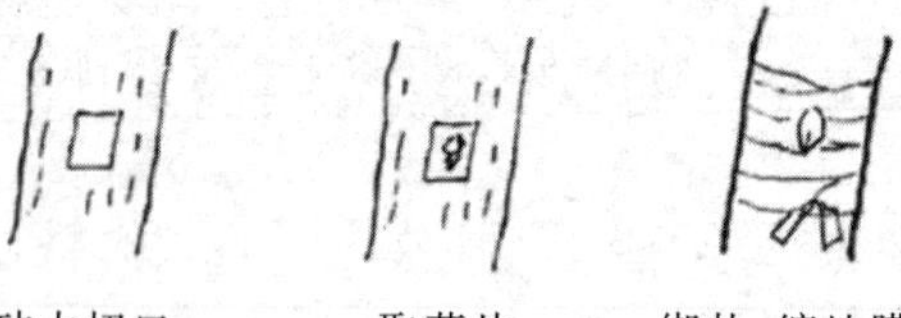

砧木切口　　取芽片　　绑扎、缠地膜

图4—12　**方块芽接**

②双开门芽接　在砧木当年生枝条上，取长3～4厘米，宽0.5厘米左右的皮层，将砧木切口两侧皮层微微撬开，并在砧木切口处留“出水口”或“出水槽”。在接穗上取长3～4厘米，宽0.5厘米左右的芽片，保持接芽内维管束(护芽肉)完整，将芽片嵌入砧木切口，上下形成层对齐，芽片左右嵌入砧木两侧皮层，用地膜绑紧缠严，接芽处用单地膜缠严(图4—13)。砧木嫁接部位上留2个复叶，待接芽萌发后在嫁接部位以上约4厘米处剪除砧木段，促进新芽生长。

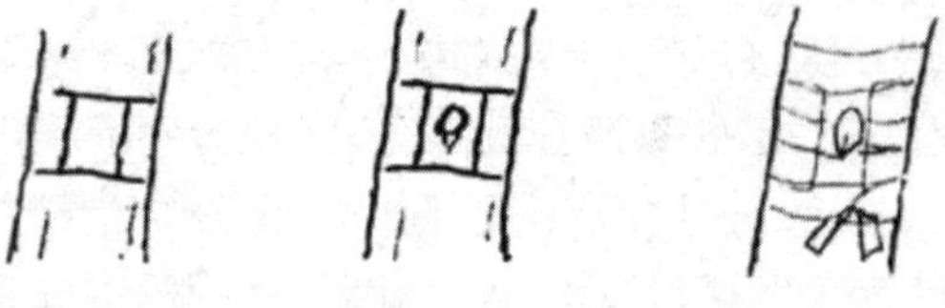

砧木切口　　取接芽　　嵌入芽片、绑扎、缠地膜

图4—13　**双开门芽接**

③大方块芽接　在接穗饱满芽上方1厘米及芽下方2厘米处各横切一刀，在芽的左右各竖切一刀，拿住芽横向稍用力，取下一个长约4厘米、宽0.6～0.8厘米的长方形芽片。在砧木离地面不超过30厘米的地方，选择光滑、纹理顺的地方，横切一刀，在切口

下方用右手拇指及食指掐住与芽片同样宽度的皮，先下拉至 4 厘米长，用刀切去 2/3，并在砧木切口下方留一个“出水口”或“出水槽”。然后将芽片贴于砧木切口，上面及左右形成层密接对齐(若芽片稍窄，应保证一边皮层对齐)，下面将砧木切口预留 1/3 的皮覆盖在芽片上面。用塑料薄膜条包扎接口，将芽微露。在嫁接口上面留 2～3 片复叶，其上的砧木剪掉。当接芽萌发后，在芽上方约 4 厘米处剪掉砧木。

④“T”字形芽接　先在接穗上选取芽片，切长 3～5 厘米，上宽 1.5 厘米的盾形芽片。砧木以 1～2 年生为宜，在距地面 10～20 厘米处选光滑部位切一“T”形口，横向比接芽略宽，深达木质部，长度与芽片相当，切开后用刀挑开皮层，将接芽迅速插入砧木切口，往上推动芽片，同上部横切口密接，然后自上向下用塑料薄膜条包严绑紧(图 4－14)。

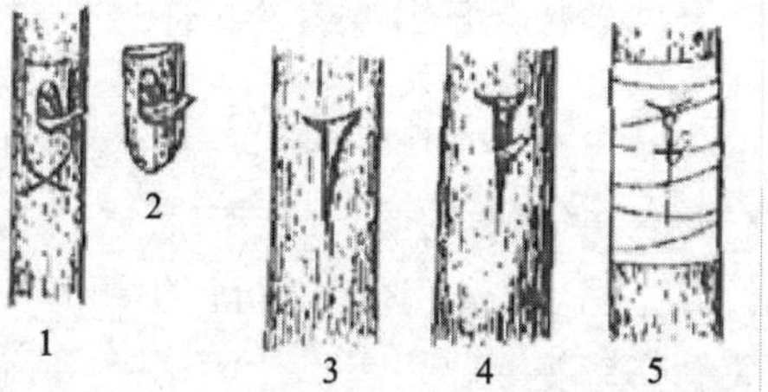

1. 切接芽 2. 芽片 3. 砧木“T”形切口 4. 插入接芽 5. 绑缚

图 4－14 “T”形芽接

6. 嫁接苗的管理

从嫁接到完全愈合及萌芽抽枝需要 30～40 天的时间，为保证其健壮生长，应加强以下管理。

(1)检查成活　大多数芽接 10～15 天后即可检查成活。凡接芽新鲜、叶柄一触即落者即为成活；叶柄不落，接芽干缩或发黑变褐者则没有成活。枝接一般在 3～4 周后即可看出是否成活。成活的接穗皮部青绿，芽开始萌动；未成活的接穗皮部皱缩干枯。

(2)谨防碰撞　刚嫁接的苗木接口不甚牢固,为防止碰撞而造成接口错位或劈裂,影响嫁接成活率,应禁止人畜进入,管理时要注意勿碰伤苗木接口。

(3)除萌　接后20天左右,砧木上易萌发大量幼芽,应及时抹除,以减少不必要的养分消耗,以免影响接芽萌发和生长,除萌宜早不宜晚。一般当接芽新梢长到30厘米以上时,砧芽很少再萌发。

(4)剪砧及复绑　芽接时砧木未剪或剪去一部分。一般芽接后在接芽以上留1～2片复叶剪砧;若嫁接后有降雨和高温可能时,可暂不剪砧,接后5～7天可剪留2～3片复叶,到接芽新梢长到10厘米左右时,再从接芽以上3～4厘米处剪除。

(5)解除绑缚物　枝接2～3个月后,要将接口绑缚材料放松一次,但不能将绑缚物去掉。芽接当接芽长到5厘米以上时,要及时松绑,以免绑缚过紧影响新梢生长。

(6)立支柱防风折　接芽萌发后生长迅速,枝嫩、复叶多,易遭风折,暴风雨天气尤为严重。因此,在新梢长到20厘米时,应在苗旁立支柱引绑新梢。具体方法是:在苗旁插一木棍,用绳将新梢和支柱按"∞"形绑结,固定新梢,防止风折。绑缚时在新梢处不可太紧或太松,以免勒伤或不起作用。

(7) 加强肥水管理　嫁接后,视土壤墒情加强肥水管理,在土壤缺墒不太严重时,接后2周内严禁浇水施肥。当新梢长到10厘米以上时应及时追肥浇水,可用0.3%的尿素或磷酸二氢钾溶液喷洒叶面,每7～10天1次,5～6月份追施氮肥2次,每次每亩施硫酸铵10千克左右,施后灌水、松土除草。秋季适当控制浇水和施氮肥,适当增施磷钾肥,以防苗木徒长。8月中旬摘心,增强苗木木质化程度。

(8)加强病虫害防治　在新梢生长期,避免遭受食叶害虫危害,要及时检查,适时防治。虫害及防治措施参考播种苗管理。

第四节　苗木出土、分级、包装和运输

一、苗木出土与分级

核桃起苗一般从秋季落叶开始到翌年春季树液开始流动前进行。因核桃属深根性树种，起苗时根系易受损伤，且受伤后愈合能力差。因此，挖苗时应注意保护好根系，要求起苗前一周灌 1 次透水，使苗木吸足水分，便于挖掘。1 年生实生苗主根长度在 25 厘米以上，2～3 年生苗在 30 厘米以上，根幅为苗木地径的 15 倍以上。

苗木挖出后，要对地上部和根系进行适当修剪，地上部分修剪要与整形相结合，地下部分主根受伤处要剪平，侧根过长应短截。同时剪除所有劈裂、折伤和病虫害根，剪口要平，刺激新根的形成，构成发达的根群。

表 4－1　嫁接苗质量等级(省级标准 DB61/－2010)

级 别	Ⅰ	Ⅱ
嫁接部位以上高度(厘米)	≥60	40～59
嫁接处上方直径(厘米)	≥1.2	0.9～1.1
主根长度(厘米)	≥25	15～24
＞5 厘米长的Ⅰ级侧根条数	≥15	10～14
嫁接部位距地面高度(厘米)	≤20	≤30

注：嫁接部位以上高度指苗木嫁接部位到主干顶芽基部的高度；嫁接处上方直径指苗木嫁接部位上方 3 厘米光滑处的主干直径。

苗木分级是保证出圃苗木的质量和规格，提高建园时的栽植成活率和整齐度。核桃苗木分级标准要根据实生苗和嫁接苗而定。建园所用的实生苗要求根系发达完整、生长健壮、无病虫害。

嫁接苗要求品种纯正；接合牢固、愈合良好、接口上下的苗茎粗度要接近；苗茎要通直、充分木质化、无冻害风干、机械损伤及病虫危害等；苗根的劈裂部分粗度在0.3厘米以上时要剪去。核桃嫁接苗质量等级如表4—1。

二、苗木包装和运输

根据苗木运输要求，将嫁接苗按不同品种每25株或50株打成一捆，装入湿蒲包内，喷水，将填好的标签挂在包装外面明显处。标签上要注明品种、等级、苗龄、数量、起苗日期、苗圃名称和发送地点等。包装工作应在阴凉避风处进行。

苗木外运最好在晚秋或早春气温较低时进行，外运的苗木要履行检疫手续。长途运输时要加盖篷布，途中要及时喷水、检查，防止苗木干燥、发热、发霉和受冻。到达目的地后，要立即将捆打开进行假植。

核桃起苗后不能立即外运或栽植时，必须进行假植。目的在于防止根系干燥失水或遭受其它损害。按照假植时间长短分为临时假植（短期假植）和越冬假植（长期假植）。临时假植时间短，一般不超过10天，只要用湿土将根系埋严即可，干燥时及时洒水。越冬假植必须严格按照操作规程进行。选择地势高燥、背阴、排水良好、交通方便、不易受人畜危害的地方挖假植沟。沟的方向应与当地主风向垂直，沟深1.0米，宽1.5米，长度依苗木数量而定。

假植时，在沟的一端先垫一些松土，苗木斜放成排，呈30°～45°角，埋土露梢。然后放第二排苗，依次排放，使各排苗呈覆瓦排列。当假植沟内土壤干燥时应及时洒水，假植完毕后，埋住苗顶。土壤结冻前，将土层加厚至30～40厘米，春季转暖后及时检查，防止霉烂。

第五章
栽植建园

核桃建园质量好坏是核桃能否早结果、早丰产和优质高产的基础。因此建园时，必须要有长远打算，全面规划，周密考虑当地自然与社会经济状况，进行科学栽培，为核桃的优质、高产和稳产，创造良好的生态环境条件。

第一节　园地规划

核桃建园规划设计要根据当地社会经济发展总体规划、国民经济发展计划和产业发展要求进行编制，应遵循以下主要原则：

1. 整体规划

应根据建园方针、经营方向和要求，结合当地自然条件、物质条件等综合考虑，进行整体规划。

2. 因地制宜选择建园类型

建园类型按栽培目的可划分为用材型、果材兼用型、用果型三大类型，而用果型又可划分为优质坚果型、鲜食型、核仁加工型三个类别。

3. 根据建园类型选择适宜品种

核桃品种可划分为主栽品种和授粉品种两种。主栽品种是通过当地品种对比试验，在丰产性、抗逆性等方面表现优良的品种，授粉品种是能够满足主栽品种授粉需要且具有一定优良性状的品种。

4.根据主栽品种特性确定配置及栽植方式

标准化核桃园栽培方式可划分两大类型。一种是集中连片纯园式栽培,另一种是核桃与农作物或其他果树、药材长期间作式栽培。

5.便于管理

规划要利于机械化管理和操作,降低劳动强度和管理成本。对地形复杂,通过治理能够满足机械化作业的园地,应在规划时强化治理内容,做到先治理,后开发。

6.重视排灌设施

充分注意地下水位及排灌系统的设计,要求达到旱能灌,涝能排。

7.提前做好土壤整地、改良

将建园栽培前的土壤改良、蓄水保墒作为核桃生长发育创造良好条件的工程措施列入规划,挖大坑、施大肥、浇大水等栽植前的整地措施和土壤改良方法,对核桃实现优质高产意义重大。

8.与配套设施有机结合

规划设计中,努力将路、林、排灌等配套内容进行有机结合,提高土地利用率,使核桃树的占地面积不少于85%。

9.提高土地利用价值

坚持以短养长、综合利用、立体开发、果农结合的开发原则,充分提高土地利用价值,实现开发效益最大化。

10.深入调研,科学规划

规划设计要尊重科学、深入群众,在充分进行调查研究的基础上,倾听有关专家和群众意见,努力做到科学、可靠、可行。

第二节　建园

一、园地选择

核桃园地的选择直接关系到核桃生产成败及其经济效益高低。为了达到早果、优质、丰产和高效的目的，在选择建园地点时，必须以品种的区域化和适地适树为原则，从气候、地势、土壤、交通等方面，对建园地进行综合的评价和选择。新建园应选择背风向阳的平地、坡脚、缓坡、丘陵及排水良好的沟台地。土壤以保水透气良好的壤土和砂壤土为宜，土层厚度1.0米以上，地下水位在地表2米以下。pH值6.3～8.2，最适pH值6.5～7.5。切忌选择撂荒地、重茬地和含盐量在0.25%以上的盐碱地。避免在核桃、苹果、柳树和杨树等生长过的土壤上栽植建园，以防止根腐病的发生和根结线虫等病虫危害。

二、整地

整地是营建核桃园的重要准备工作，既有利于提高栽植成活率，又有利于核桃树的生长发育。常用的整地方法有以下几种：

1.修梯田

凡在坡地上建园，一定要修成水平梯田，既能保持水土，又便于田间管理。梯田面的宽度应视坡度的大小和栽植行距的宽窄而定，一般为5～20米，梯田面上栽树的部位，其土层厚度应达到1.5米以上。也可按等高线先挖栽植沟或栽植坑，将周围的表土填入沟(坑)中后，再修成水平梯田。梯田应做“外撅嘴，内流水”以防止水土冲刷。

2. 挖栽植坑

在修好的水平梯田上、坪台地、平地上，按事先设计的株行距，挖成0.8～1.0米见方的栽植坑，将表土与心土分开放置。栽植坑挖好后，将表土、有机肥和化肥混合后回填，回填时可在每坑施优质农家肥20～50千克，磷肥2～3千克或坑底填压1～2层柴草并混入20～30千克农家肥，以增加土壤中的有机质。栽植坑应于栽植前一年的夏、秋季进行。

3. 挖栽植沟

一般在营建核桃密植丰产园时，特别是用早实核桃建园，可采用挖沟的方法整地，沟深与沟宽为0.8～1.0米，挖时将表土与心土分开放置。回填方法同栽植坑。

三、苗木选择

良种壮苗是营建核桃园的基础，目前我国核桃栽培已进入品种化、良种化阶段。对于新建核桃园一定要选用优良品种及其无性系的嫁接苗。具体要求：

1. 优良品种

选用经国家、省级权威部门鉴定的优良品种或无性系，特别是这些品种或无性系经过多年实践，在当地表现较好的品种或无性系。目前，适宜陕西省推广的主要良种有：香玲、鲁光、辽核1号、辽核4号、陕核5号等早实品种，清香、礼品1号、礼品2号、晋龙1号、晋龙2号等晚实品种。

2. 选用嫁接苗

选用苗龄1～2年或2～3年生根系完整无损伤、接口愈合良好、芽体饱满、皮色光亮、无检疫病虫害、发育健壮的优质嫁接苗。其质量标准应符合《国家主要造林树种苗木质量分级标准GB6000－1999》或陕西省核桃嫁接苗木质量等级标准。

3. 苗木完整无损伤

嫁接苗在起苗、运苗、假植、栽植过程中，要采取各种有效的保护措施，做到不损伤，不失水，不霉烂，不受冻害。

四、栽植

1. 栽植时间

核桃春秋两季均可栽植，各地可依据当地具体气候和土壤条件而定。北方地区一般冬季寒冷多风，秋栽易受冻害和“抽条”，可于春季土壤解冻后至苗木萌芽前栽植，越早越好。由于春季常干旱多风，因此应特别注意浇水和栽后管理。秋栽可从落叶后到土壤封冻前(10～11 月)栽植，但要加强幼树防寒。

(1)春栽　一般在 3 月上旬至萌芽前进行。春栽要注意浇水、保墒和栽后的管理。

(2)秋栽　一般在霜降后至土壤封冻前进行，秋栽要做好越冬防寒工作。

2. 栽植密度

核桃树由于品种、生长环境以及栽培技术水平的不同，其生长发育有明显的差异，这直接关系着核桃园栽植密度的大小。合理的栽植密度应该是处于盛果期核桃园内的空间，完全被结实的树冠所覆盖，而且通风透光良好，使树冠内和下层的枝条也能保持良好的结实能力，并达到最佳生产力。因此，确定合理的栽植密度必须考虑核桃园近期和长期的产量目标，以期获得最佳而均衡的经济效益。

早实品种结果早，树体较小，平地可采用 5 米×6 米或 5 米×5 米的株行距，每亩 22～26 株；坡地可采用 5 米×5 米或 4 米×5 米的株行距，每亩 26～33 株。晚实品种结果较晚，树冠大，可采用 6 米×8 米或 8 米×8 米的株行距，每亩 10～13 株。此外，不同地势、土壤和气候条件，采用的株行距不同。在地势平坦、土层深厚、肥力和管理水平较高的地块建园，株行距应大些；在土壤和气候条件较差的地块上建园，株行距应小些。果粮间作可按5～6米×12米的株行距栽植，每亩10株左右。山地梯田栽植以梯田宽度为准，一般一个台面一行，台面宽度大于10米时，可栽两行，株距一般为5～8米。

3. **配置授粉树**

核桃属雌雄同株，但多数品种雌雄花不同时成熟，形成异株授粉，核桃雌雄异熟性决定了核桃建园必须配置授粉树。特别是品种化栽培以后，嫁接繁殖的品种(或群体)，多是单一的雄先型或雌先型。因此在建园时，必须配置与其相匹配的互相可以授粉的品种。授粉品种必须是经国家、省级有关单位鉴定的优良品种。核桃属雌雄异熟，风媒传播，有效传粉距离较短及品种间坐果率差异较大。因此，核桃建园时，栽培品种要相对集中，每个地区主栽品种2～3个。每个园品种不宜太多，以1～2个主栽品种为宜。在核桃主产区建园时力求做到1园1品，即1个核桃园只栽1个品种不配授粉树。在核桃分布较少地区建园时，1园1个主栽品种，配置1个品种的授粉树。授粉品种要求与主栽品种雄、雌花同时开花，并与主栽品种相互授粉良好，主栽品种与授粉品种可按8∶1的比例中心式配置。如需专门配置授粉树，也可按每3～5行主栽品种配置1行授粉品种(主栽品种与授粉品种配置见表5－1)。若园地埂边50米范围内有实生大树，可适当保留2～3株，因实生大树树冠大而花多，雄花散粉期长，一般可保证授粉需要，不必配置授粉树。山地梯田栽植时，可根据梯田面的宽度，配置一定比例的授粉树，原则上主栽品种同授粉品种的最大距离应小于100米。

综合考虑产量、适应性、抗性、品质等指标，陕西不同区域核桃主栽品种及相应的授粉品种详见表5－2。

4. **苗木质量要求**

选用根系完好、健壮、枝粗节间短、芽体饱满、接口愈合牢固、皮色光亮、苗干通直、充分木质化、无检疫病虫害、无严重机械损伤，并达到陕西省核桃苗木标准，即要求苗木嫁接部位以上高度在40厘米以上、嫁接处上方直径在0.9厘米以上，主根长度在15厘米以上、大于5厘米长的Ⅰ级侧根10条以上，最好选用苗高1米以上，干径不小于1厘米且须根较多的优质壮苗。

表5—1 主栽品种与授粉品种配置表

主栽品种	授粉品种
香玲、鲁光、陕核5号	鲁光、香玲、中林1号
强特勒、元林	陕核5号、陕核5号
清香、西扶1号	辽核1号、辽核4号
辽核1号、辽核4号	香玲、香玲

表5—2 陕西不同区域核桃主栽品种与相应的授粉品种表

渭北		关中		秦巴山地		
主栽	授粉	主栽	授粉		主栽	授粉
强特勒	维纳	香玲	鲁光	海拔千米以下	香玲	鲁光
香玲	鲁光	陕核短枝	辽核1号		辽核4号	香玲
辽核1号	香玲	辽核4号	香玲		辽核3号	陕核5号
				海拔千米以上	强特勒	维纳

5. **栽植技术**

核桃栽植推广"四大一膜"技术，即"大坑、大肥、大苗（良种壮苗）、大水、地膜覆盖"。

（1）挖穴　在整好地、定好点的基础上，挖0.8～1.0米见方的栽植穴，挖穴时将心土（生土）与表土（熟土）分开放置（图5—1）。

（2）苗木处理　栽前将苗木放在水中浸泡12～24小时，或根系蘸泥浆，使根系充分吸水。也可用20～25毫克/千克GGR6号绿色植物生长调节剂溶液浸泡 1.5～2.0 小时后栽植。

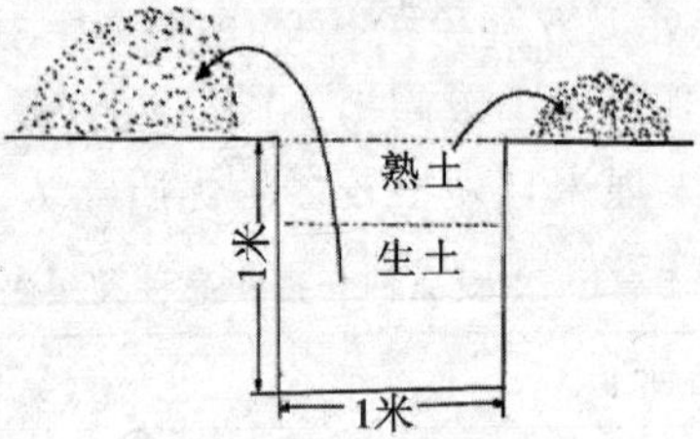

图 5－1 栽植穴

(3)栽植 栽苗时,严格按照"三埋两踩一提苗"技术要求进行栽植。栽时苗木要扶直,根系要舒展,深浅要适宜,一般为苗木原根颈土痕与地面平,且嫁接口要露在地表以上。

(4)埋土 每定植穴施优质农家肥 20～50 千克、磷肥 2～3 千克。栽植时先将表土、农家肥和磷肥混匀,穴底压入 5 千克秸秆,再将土肥的一半填入穴内,然后将苗木放入穴中央(图 5－2),边填土肥边抖动苗木边踏实,最后将心土填至高出苗木原根颈 3～5 厘米,修好树盘,以备浇水。

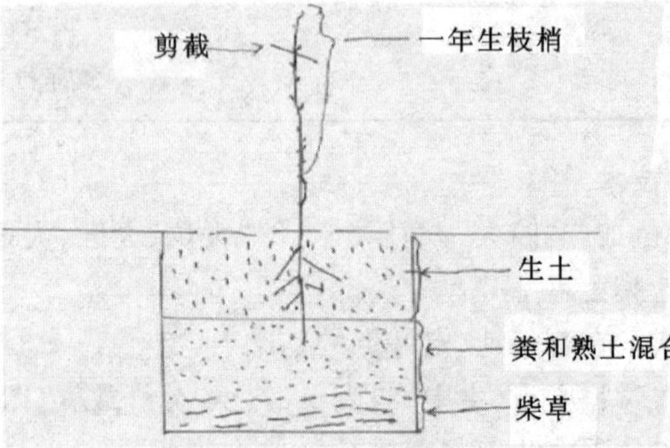

图 5－2 栽植

(5)浇水 栽后浇定根水，要求浇足浇透(图 5—3)，待水下渗后，用土覆盖树盘。以后根据土壤墒情，酌情浇水。

(6)保墒 栽后浇足浇透定根水，待水渗完后树盘覆土或覆膜保墒(图 5—4)。覆膜时，把树盘培土整平，在树干周围覆地膜，覆盖范围稍大于树盘，既保湿、保温，又防杂草与核桃苗争水争肥，有利于幼树的成活和生长。

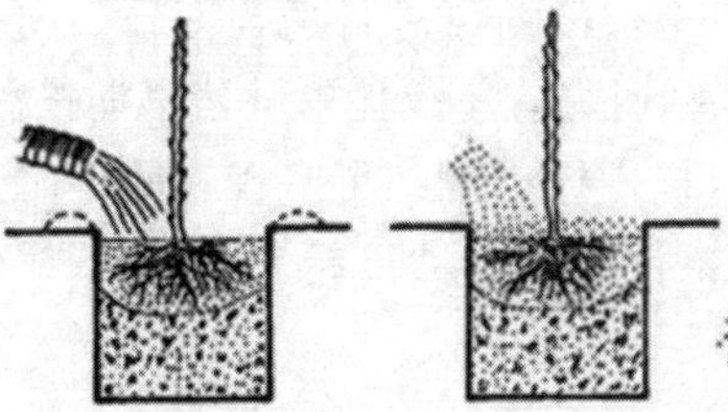

图 5—3 浇水

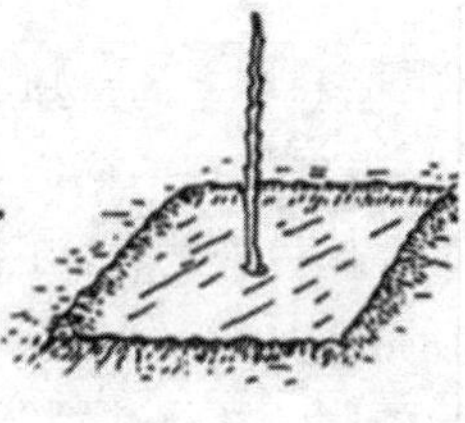

图 5—4 覆膜

核桃苗栽植时要做到园内栽植品种按照事先规划的区域栽植，品种记录清楚，建好档案，切忌栽乱；要纵横成行，便于后期科学管理；要抓好起苗、运苗、栽苗环节，保持苗木生理活性，确保苗木栽植成活。

6. 栽后管理

(1)抗旱保墒 苗木栽植后，即刻浇定根水，一定要浇足浇透，10 天左右再浇一次水，此后，如遇高温或干旱应及时灌水。水源不足的地区，灌透水后，应立即用秸秆或地膜覆盖树盘，以有效减少土壤水分蒸发，提高地温，抑制杂草生长，增加土壤墒情，提高土壤肥力，为核桃生长创造优越的土壤环境条件。每次浇水或雨后及时松土除草，深度 10～15 厘米。

(2)定干 核桃新建园，要达到成园整齐，可按苗木等级和生长情况进行合理定干。对达到定干高度的新植幼树，栽后立即定干，并用漆封伤口。对达不到定干高度的新植幼树，若顶芽饱满，可不短截，待第2年达到定干高度要求时再定干；对顶芽不饱满的，可在饱满芽上方3～4厘米处短截，翌年或以后定干。若顶芽坏死，可选留靠近顶芽的健壮侧芽，促其向上生长，待达到一定高度后再定干。早实核桃由于结果早，树体较小，干高可留0.8～1.2米。晚实核桃定干高度一般为1.0～1.5米。机械作务省力化栽培时，定干高度为1.5～2.0米。

(3)间作　核桃定植后至郁闭前可进行适当间作。间作套种是提高土地利用率的一项有利措施，不仅能够补偿早期投入，而且在间作物得到管理的同时，核桃树也得到了管理。间作时选择豆类、蔬菜等低杆作物，并在树行两侧留足营养带，保证核桃幼树与间作物的正常生长发育。

(4)施肥　核桃栽植当年施肥以叶面喷肥为主。从5月中旬开始，每15天喷1次300～500倍尿素液，7月下旬停止氮肥供应。8月起每15天喷1次300～500倍磷酸二氢钾，至落叶前结束。秋季施基肥，每株施农家肥5～10千克，过磷酸钙0.5千克，基肥采用环状沟施，沟深40厘米，施肥后浇水。

(5)中耕除草　栽植当年幼树很容易被杂草掩盖，尤其是6、7、8月幼树高生长期，也是杂草疯长时期。加强管理，及时松土除草，避免草荒是促进苗木生长、保障建园成效的一项主要的管理内容。

(6)及时除萌　核桃采用嫁接苗建园，由于定干等措施的使用，很容易造成嫁接部位以下砧木萌发新芽，这不仅浪费营养，抑制嫁接部位以上生长，而且可能导致嫁接部位以上死亡，产生不可挽回的损失。因此，建园后要及时复查除萌，保证嫁接部位以上枝条正常生长。

(7)防灼伤　对于含沙较多的土壤，为防止因地表温度过高烫伤苗木根颈，应在5月底以前，对幼树根部进行覆草，以降低根颈处的地表温度，使苗木免受伤害。

(8)病虫害防治　危害核桃树的主要病虫害有根腐病、溃疡病、炭疽病和小吉丁虫、芳香木蠹蛾等，生产中应注意观察，及时防治。对苗木根腐病可用甲基托布津1 000倍液浇灌根部，每亩用药液250～300千克，然后用消石灰撒于苗茎基部及根际土壤，抑制病害蔓延。对溃疡病，一是树干涂白，防止日灼和冻害；二是刮除病斑，深达木质部，用3波美度石硫合剂或1%硫酸铜液涂抹病斑。对炭疽病等病害可在其发病前每隔10～15天喷1：2：200倍波尔多液2～3次，发病期喷70%甲基托布津可湿性粉剂800倍液进行防治。对核桃虫害要及时防治。

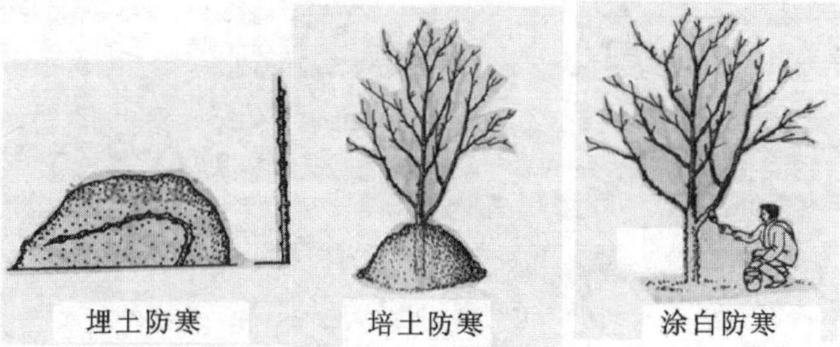

图5－5 幼树防寒措施

(9)幼树防寒 核桃幼树枝条髓心大，含水量较高，抗寒性差。在北方冬季容易出现抽条，影响幼树树冠的形成。因此，在定植后的1～2年内，需要对幼树进行防寒。一是提高树体自身抗冻性和抗"抽条"能力。首先按照前促后控的原则，注意加强肥水管理，7月份以前以施氮肥为主，7月份以后以磷肥为主，并适当控制灌水，8月中旬以后对正在生长的新梢进行多次摘心，并控制开张角度，9月上中旬喷0.3%～0.5%磷酸二氢钾2次，控制枝条生长，增加树体贮藏营养和抗寒性，11月上旬浇一次透水，提高土壤含水量，减少"抽条"的发生。二是埋土防寒，在冬季土壤封冻前，把幼树轻轻弯倒，使其顶端接触地面，然后用土埋好，埋土厚度一般为30～40厘米，待第二年春季土壤解冻后及时撤土，将幼树扶直。对比较粗矮不易弯倒的幼树，可在树干周围培土，露出的部分用报纸或牛皮纸包裹好。幼树不高时也可埋土，最好将当年枝条培严。三是涂白防寒，幼树涂白可缓和枝干阴阳面的温差，防寒效果较好，可在土壤结冻前涂抹。也可用12%～18%的聚乙烯醇涂刷防寒。

第六章
土、肥、水管理

土肥水管理是核桃栽培管理中的主要技术措施之一，也是核桃树丰产、稳产的物质基础和重要保障。加强土肥水管理可改善核桃园内土壤环境和园区生态环境，提高核桃树结果能力和增强树体抵抗病虫害的能力。

第一节　土壤管理

土壤管理是核桃栽培管理中的一个重要环节。土壤管理是为核桃根系的正常生长发育创造良好条件，加强养分、水分的吸收，以保证地上部树体的生长。土壤管理包括耕翻、中耕除草和幼园间作。

一、土壤耕翻

核桃树根系深入土层的深浅，与其生长结果有密切关系，决定根系分布的主要条件是土层厚度和理化性状等。土壤耕翻可加深土壤耕作层，给根系生长创造良好条件，促使根系向纵深伸展，根类、根量均显著增加；能使土壤中水、肥、气、热得以改善，促进根系生长，使树体健壮、新梢长、叶色浓，可提高产量。

1. 耕翻时期

核桃园四季均可耕翻，但应根据具体情况和要求因地制宜进行，并采用相应的措施，才能收到良好效果。

秋季耕翻一般在果实采收后结合施基肥进行。此时地上部生长较慢，养分开始积累；深翻后正值根系秋季生长高峰，伤口容易愈合，并可长出新根。如结合灌水，可使土粒与根系迅速密接，有利于根系生长，因此，秋季是核桃园深翻较好的时间。

春季耕翻应在解冻后及早进行。此时地上部尚处于休眠期，根系刚开始活动，生长较缓慢，但伤根容易愈合和再生。从土壤水分季节变化规律看，春季土壤化冻后，土壤水分向上移动，土质疏松，操作省工。北方多春旱，深翻后需及时灌水。早春多风地区，蒸发量大，深翻过程中应及时覆盖根系，免受旱害。风大干旱缺水和寒冷地区，不宜春翻。

夏季耕翻最好在根系前期生长高峰过后，北方雨季来临前后进行。深翻后，降雨可使土粒与根系密接，不致发生吊根或失水现象。夏季深翻伤根容易愈合。雨后深翻，可减少灌水，土壤松软，操作省工。但夏季深翻如果伤根过多，易引起落果，故一般结果多的大树不宜在夏季深翻。

冬季耕翻一般在入冬后至土壤封冻前进行，操作时间较长。但要及时盖土以免冻根。如墒情不好，应及时灌水，使土壤下沉，防止冷风冻根。北方寒冷地区一般不进行冬翻。

2. 耕翻深度

耕翻深度以核桃树主要根系分布层稍深为度，并考虑土壤结构和土质。土壤耕翻包括深耕和浅耕两种。

（1）深耕法　适用于平地核桃园或面积较大的核桃梯田地，其方法是每年或隔年沿大量须根分布区的边缘向外扩宽 40～50 厘米，深度 40～60 厘米，挖成围绕树干的半圆形或圆形沟。然后将表层土放在底层，底层土放在上面。

（2）浅耕法　适用于土壤条件较好或深翻有困难的地方。其方法是每年秋季核桃采收后，结合施基肥对核桃园进行深翻。深翻前将落叶清理干净，深度一般为25～30厘米左右，幼树在20～25厘米。

深翻时注意不要伤根过多，尤其是粗度在1厘米以上的根。新建核桃幼园可以通过行间间作绿肥或豆科作物进行土壤管理。

干旱地区结合深翻修筑树埂。在距树干1.0～1.5米处，围绕树干修1个方形或圆形的土埂，有助于树体蓄水保墒。

3. **深翻方式**

深翻方式较多，常用的有以下几种：

(1)深翻扩穴　又叫放树窝子。幼树定植2～3年后，逐年向外深翻扩大栽植穴，直至株行间全部翻遍为止。此法适合劳力较少的核桃园。因每次深翻范围小，一般需3～4年才能完成全园深翻。每次深翻可结合施入腐熟的有机肥。特别是小树，要给予充足的营养，并切实加强管理。

(2)隔行深翻　即隔一行翻一行。山地和平地果园因栽植方式不同，深翻方式也有差别。等高撩壕的坡地果园和里高外低梯田果园，第一次先在下半行进行较浅的深翻施肥，下一次在上半行深翻应与修整梯田相结合。平地果园可随机隔行深翻，分两次完成。每次只伤一侧根系，对核桃生长发育的影响较小。

(3)全园深翻　将栽植穴以外的土壤一次深翻完毕，这种方法一次需劳力较多，但翻后便于平整土地，有利果园耕作。

上述几种深翻方式应根据果园的具体情况灵活运用。一般小树根量较少，一次深翻伤根不多，对树体影响不大。成年树根系已布满全园，采用隔行深翻为宜。深翻要结合灌水，也要注意排水。山地果园应根据坡度及面积大小等决定，以便于操作，有利于核桃生长为原则。

二、除草

1.中耕除草

中耕除草可以达到疏松土壤、改善土壤结构、减少土壤水分蒸发、保持土壤墒情、防止杂草滋生蔓延、提高土壤肥力、促进核桃生长的作用。中耕除草时间和次数应根据当地气候特点、杂草多少而定，一般每年需除草4～8次，时间在杂草出苗期和结籽期进行效果较好，既能消灭大量杂草，又能减少除草次数。中耕深度一般为6～10厘米，过深伤根，对核桃树生长不利，过浅起不到中耕的作用。

核桃生长季对土壤要及时进行耕作，增加土壤透气性和保墒能力，防止土壤板结。最好做到“有草必锄，雨后必锄，浇后必锄”。

2.覆盖除草

即用绿肥、野草、麦草等作物秸秆覆盖树盘及周围，抑制杂草滋生。覆草时间春、夏、秋均可，但以夏末秋初为好，春季一般在土温达到20℃时覆盖，覆盖厚度为15～20厘米为宜，覆草时树干周围留出大约20厘米的空隙。覆草后表面斑点状压土，防止大风刮起或引起火灾。地面覆盖除草，不仅达到了除草的目的，而且还有如下好处：

(1)蓄水、保墒、保土　地面覆草能减少地表水分蒸发量60%以上，提高土壤含水量40%左右。缓坡地核桃园覆盖后，可显著地减少地表径流，防止水土流失。

(2)调节气温　可缩小地表温度变幅。夏季高温季节可使地表降低温度最大达到16℃左右，防止树体根系免受高温危害。

(3)提高土壤肥力　覆盖的秸秆腐烂后，可增加土壤肥力。据测定。覆盖的秸秆3年后，土壤矿质元素中氮、磷、钾分别可提高6%～49%、2%～3%和3%～65%。

(4)改善土壤理化性质　使土壤容重明显减小，透气性显著增加，土壤变得松软、有机质增多，促进果树健壮生长。

干旱地区地面覆盖简单易行，既能稳定土温和水分，减少杂草，防止土壤冲刷，又有利于增加土壤有机质和核桃根系的生长、果实的发育以及果实品质的改善。但覆盖时应注意以下几点：覆盖后要进行拍打，使覆盖物紧实，并间隔压土，以防风吹；覆盖物不能带有病菌和虫卵及杂草种子，以免核桃园受到病虫和杂草的危害；覆草时树干周围留出大约 20 厘米的空隙，以防树下积水导致树体死亡；覆盖 3～4 年覆盖物腐烂后，应尽快将其翻入土壤重新覆盖；覆盖期间严禁火种，以防引起火灾。同时做好核桃园病虫害预防防治工作。

三、间作

间作可以充分利用光能、地力和空间，特别是可以提高幼龄核桃园的早期效益。间作物种类较多，包括薯类、豆科等低杆作物，禾谷类作物以及核桃等各种果树苗。从有利于核桃生长发育的角度考虑，间作应以核桃为主体。

1.间作方式

依作物种类不同可分为水平间作和立体间作两种：

(1)水平间作　水平间作的植物种类与核桃的生长特点相近，如间作林木、果树等，主要采取行间间种的方式，一般为隔行间种。如辽宁省经济林研究所的核桃与桃树间作，行距均为 5 米，核桃与葡萄间作，行距均为 4 米，这些均属水平间作。

(2)立体间作　立体间作是指间种作物种类的株型均比核桃树矮小，是利用核桃树下层空间进行生产。如间种瓜类、树苗、中草药等矮杆作物，一般可种在核桃树的行间或树下。我国目前应用立体间作模式较多，其经济效益也较高。

2.间作物要求与管理

(1)间作物要有利于核桃树的生长发育，在不影响核桃树生长发育的前提下，种植间作物。

(2)加强树盘肥水管理，尤其是间作物与核桃树竞争养分剧烈的时期，要及时施肥灌水。

(3)间作物要与核桃树保持一定距离。为了缓和树体与间作物争肥、争水、争光的矛盾，又便于管理，间作物与核桃树间应留出足够的空间。当果树行间透光带仅有 1～1.5 米时应停止间作。

(4)间作物植株要矮小，生育期较短，适应性强，与核桃树需水临界期错开。

(5)间作物应与核桃树没有共同病虫害，比较耐荫且收获期较早等。

3. 适宜核桃园间种作物

(1)以豆类、花生、薯类、瓜类等低杆作物为主。

(2)不宜种植玉米等高杆作物，易遮光又与核桃树争夺肥水，且喷药等管理不方便；不宜种植蔬菜，特别是秋季蔬菜，蔬菜生长期施肥灌水，造成核桃树幼树贪长，抗寒性差，容易受冻。间作秋季蔬菜的核桃园，浮尘子产卵危害枝干严重，次年春季幼树易抽条。

(3)长期连作易造成某种元素贫乏，元素间比例失调或在土壤中遗留有毒物质，对果树和间作物生长发育不利。为避免间作物连作带来的不良影响，需根据各地具体条件制定间作物的轮作制度。

第二节 施肥管理

施肥是保证核桃树体生长发育正常和达到高产稳产的重要措施。核桃树体每年要从土壤中吸收大量的养分，尤其是进入盛果期后，年产量逐年增加，对养分的需求量也逐渐增多。若土壤供肥不足或不及时，树体营养物质的积累与消耗之间将失去平衡，从而影响树体生长，产量下降。施肥除可直接供给树体养分外，农家肥还可以改善土壤的机械组成和土壤结构，有利于核桃幼树的发育，促进花芽分化，使幼树提早结果。因此，核桃施肥应本着“以有机肥为主、化学肥料为辅”的原则进行。

一、各时期需肥特点

根据核桃不同时期个体发育规律，一般将其分为幼龄期、结果初期、盛果期和衰老期 4 个时期。

1. 幼龄期

从长出幼苗开始到开花结果前，嫁接苗从嫁接开始到开花结果前均是核桃树的幼龄期。此期根据苗木情况不同，持续的时间也不同，早实核桃品种一般 2～3 年，如鲁光，丰辉，香玲，辽核 1 号、3 号、4 号，中林 1 号、5 号，西扶 1 号等；晚实核桃品种一般 3～5 年，如晋龙 1 号、2 号，西洛 2 号等；实生种植苗此期一般可在2～10 年不等。此期营养生长占据主导地位，树冠和根系快速加长、加粗生长，为迅速转入开花结果积蓄营养。栽培管理的主要任务是促进树体扩根、扩冠，加大枝叶量。此期应大量满足树体对氮肥的需求，同时注意磷钾肥的施用。

2. 结果初期

从开始结果到大量结果且产量相对稳定的一段时期。营养生长相对于生殖生长逐渐缓慢，树体继续扩根、扩冠，主根上侧根、细根和毛根大量增生，分枝量、叶量增加，结果枝大量形成，角度逐渐开张，产量逐年增加。栽培管理和施肥的主要任务是：保证植株良好生长，增大枝叶量，形成大量的结果枝组，树体逐渐形成。此期可适当增加磷钾肥的施肥量。

3. 盛果期

核桃处于大量结果时期。营养生长和生殖生长处于相对平衡状态，树冠和根系已经扩大到最大限度，枝条、根系均开始更新，产量、效益处于高峰阶段。此期主要任务是通过加强施肥、灌水、植保和修剪等综合管理措施，调节树体营养平衡，防止出现大小年结果现象，延长结果盛期时间。因此，树体需要大量营养，除氮磷钾外，增施有机肥是保证高产稳产的措施之一。

4. **衰老期**

产量开始下降，新梢生长量极小，骨干枝开始枯竭衰老，内部结果枝组大量衰弱直至死亡。此期主要任务是通过修剪对树体进行更新复壮，同时加大氮肥的供应量，促进营养生长，恢复树势。

二、施肥的形态诊断

根据核桃树的外部形态，判断某些元素的丰歉，指导施肥。一般叶片大而多，叶厚而浓绿，枝条粗壮，芽体饱满，结果均匀，品质优良，丰产稳产者，是营养正常，否则应查明原因，采取措施加以改善。现将常见的核桃缺素症和毒害症描述如下，以供实际诊断中参考。

1. **氮**

一般缺氮的植株生长期开始叶色较浅，叶片稀少而小，叶子变黄，常提前落叶，新梢生长量降低，严重者植株顶部小枝死亡，产量明显下降。但在干旱和其他逆境下，也可能发生类似现象。

2. **磷**

缺磷时，树体一般很衰弱，叶子稀疏，小叶片比正常叶略小，叶片出现不规则的黄化和坏死，落叶提前。

3. **钾**

缺钾症状多表现在枝条中部叶片上，开始叶片变灰白(类似缺氮)，然后小叶叶缘呈波状内卷，叶背呈现淡灰色(青铜色)，叶子和新梢生长量降低，坚果变小。

4. 钙

缺钙时根系短粗、弯曲，尖端不久褐变枯死。地上部首先表现在幼叶上，叶小、扭曲、叶缘变形，并经常出现斑点或坏死，严重的枝条枯死。

5. 铁

缺铁时幼叶失绿，叶肉呈黄绿色，叶脉仍为绿色，严重缺铁时叶小而薄，呈黄白或乳白色，甚至发展成烧焦状和脱落。铁在树体内不易移动，因此最先表现缺铁的是新梢顶部的幼叶。

6. 锌

缺锌时表现为枝条顶端的芽萌芽期延迟，叶小而黄，呈丛生状，被称为小叶病，新梢细，节间短。严重时叶片从新梢基部向上逐渐脱落，枝条枯死，果实变小。

7. 硼

缺硼时树体生长迟缓，枝条纤细，节间变短，小叶呈不规则状，有时叶小呈萼片状，严重时顶端抽条死亡。硼过量可引起中毒，症状首先表现在叶尖，逐渐扩向叶缘，使叶组织坏死。严重时，坏死部分扩大到叶内缘的叶脉之间，小叶的边缘上卷，呈烧焦状。

8. 镁

镁是叶绿素的主要组成元素。缺镁时，叶绿素不能形成，表现出失绿症，首先在叶尖和两侧叶缘处出现黄化，并逐渐向叶柄基部延伸，留下 V 形绿色区，黄化部分逐渐枯死呈深棕色。

9. 锰

缺锰时，表现有独特的褪绿症状，失绿是在脉间从主脉向叶缘发展，褪绿部分呈肋骨状，梢顶叶片仍为绿色。严重时，叶子变小，产量降低。

10. 铜

缺铜时，新梢顶端的叶子先失绿变黄，后出现烧焦状，枝条轻微皱缩，新梢顶部有深棕色小斑点。果实轻微变白，核仁严重皱缩。

三、肥料的种类

1.有机肥料

有机肥料也称农家肥料，不但具有核桃生长发育所必需的各种元素，而且还含有丰富的有机物。有机肥料分解慢，肥效长，养分不易流失。由于有机肥料含有丰富的有机质，因此施入土壤后能改善核桃二氧化碳营养状况，调节土壤微生物活动。有机肥料种类繁多，来源广，数量大，如厩肥、粪肥、饼肥、堆肥、泥土肥、熏肥、绿肥，其中以猪圈肥、人粪肥、堆沤肥、绿肥为最多。

绿肥是将绿色植物的青嫩部分经过刈割或直接翻入土中作肥料。绿肥产量高，每亩可产鲜物质1 000～2 000千克；组织幼嫩，磷氮值比较小，分解快，肥效显著；根系吸收能力强，可吸收利用难溶性矿物质。一些绿肥植物如沙打旺，根系发达，穿透力强，在根系残体转化时能聚集多糖和腐殖质，可改善土壤结构。豆科绿肥植物具有根瘤，可以固定大气中的氮。年每亩增加2.0～7.5千克氮素，有时高达11.25千克。绿肥植物可以吸收保存苗木或幼树多余的速效营养，以避免淋失。绿肥植物还有遮阳、固沙、保土、防止杂草生长及提供饲料等作用。

2.无机肥料

无机肥料又称化学肥料、矿质肥，是由矿藏的开采、加工，或者由工厂直接合成生产的，也有一些属于工业的副产物。无机肥料多具有以下特性：①养分含量较高，便于运输、贮藏和施用，施用量少，肥效显著。②营养成分比较单一，一般仅含一种或几种主要营养元素。施一种无机肥料会发生植物营养不平衡，产生“偏食”现象，应配合其他无机肥料施用。③肥效迅速。一般3～5天即可见效，但肥效短。无机肥料多为水溶性或弱酸溶性，施用后很快转入土壤溶液，可直接被植物吸收利用，但也易造成流失。无机肥料若

施用不当,可使土壤变酸、变碱,

按无机肥料中所含养分种类又分为氮肥、磷肥、钾肥、钙镁硫肥、复合肥、微量元素肥料等。

(1)氮肥　常用的氮肥有尿素、碳酸氢铵、硝酸铵、磷酸铵、磷酸二氢铵、磷酸氢二铵等。

尿素含氮量42%~46%。尿素适用于各种土壤和植物,可用作基肥、追肥或叶面喷施。

碳酸氢铵简称碳铵,含氮量17%左右。碳铵适用于各种土壤,宜作基肥和追肥,应深施并立即覆土,切忌撒施地表,其有效施用技术包括底肥深施、追肥穴施、条施、秋肥深施等。

硫酸铵简称硫铵,含氮量20%~21%。硫铵适用于各种土壤,可作基肥、追肥和种肥。酸性土壤长期施用硫酸铵时,应结合施用石灰,以调节土壤酸碱度。

(2)磷肥　常用的磷肥有过磷酸钙、重过磷酸钙、钙镁磷肥、磷矿粉等。

过磷酸钙又称普钙,可以施在中性、石灰性土壤上,可作基肥、追肥,也可作根外追肥。注意不能与碱性肥料混施,以防酸碱性中和,降低肥效。主要用在缺磷土壤上,施用要根据土壤缺磷程度而定,叶面喷施浓度为1%~2%。

重过磷酸钙又称重钙。重钙的施用方法与普钙相同,只是施用量酌减。在等磷量的条件下,重钙的肥效一般与过磷酸钙相差无几。

钙镁磷肥适用于酸性土壤,肥效较慢,作基肥深施比较好。与过磷酸钙、氮肥不能混施,但可以配合施用。不能与酸性肥料混施,在缺硅、钙、镁的酸性土壤上效果好。

磷酸一铵和磷酸二铵是以磷为主的高浓度速效氮、磷二元复合肥,适用于各种土壤,主要作基肥。

(3)钾肥　常用的钾肥有硫酸钾、窑灰钾肥等。

硫酸钾含氧化钾50%～52%，为生理酸性肥料，可作种肥、追肥和底肥、根外追肥。

窑灰钾肥是热性肥料，可作基肥或追肥、适宜用在酸性土壤上，施用时应避免与根系直接接触。

(4)复合肥料　凡含有氮、磷、钾3种营养元素中的两种或两种以上元素的肥料总称复合肥。含两种元素的叫二元复合肥，含3种元素的叫三元复合肥。复合肥肥效长，宜作基肥。若复合肥施用过量，易造成烧苗现象。

复合肥具有物理性状好、有效成分高、储运和施用方便等优点，且可减少或消除不良成分对果树和土壤的不利影响。

常用的复合肥有磷酸一铵、磷酸二铵、硝酸磷肥、磷酸二氢钾及多种掺混复合肥。

(5)微量元素肥料　微量元素肥料(微肥)是提供植物微量元素的肥料，如铜肥、硼肥、钼肥、锰肥、铁肥和锌肥等都称为微肥。

常用的微肥有硫酸锌、硫酸亚铁、硫酸锰、硼砂、钼酸铵等。

3. 生物肥料

生物肥料是指一类含有大量活的微生物的特殊肥料。生物肥料施入土壤中，大量活的微生物在适宜条件下能够积极活动，有的可在果树根系周围大量繁殖，发挥自生固氮或联合固氮作用；有的还可以分解磷、钾矿质元素供给果树吸收或分泌生长激素刺激果树生长。所以，生物肥料不是直接供给果树需要的营养物质，而是通过大量活的微生物在土壤中的积极活动来提供果树需要的营养物质或产生激素来刺激果树生长。

由于大多数果树的根系都有菌根共生现象，果树根系的正常生长需要与土壤中的有益微生物共生，互惠互利。一方面，有些特定的微生物在代谢过程中产生生长素和赤霉素类物质，能够促进果树根系的生长；另一方面，也有些种类的微生物能够分解土壤中被固定的矿质营养元素，如磷、钾、铁、钙等，使其成为游离状态，能顺利地被根系吸收和利用。有益微生物也能从根系内吸收部分糖和有机营养,供自身代谢和繁殖需要,形成共生关系。因此为了促进果树根系的发育和生长,生产上要求果园有必要每年或隔年施入一定量的腐熟有机肥(含大量有益微生物)或生物肥,

生物肥料的种类很多,生产上应用的主要有根瘤菌类肥料、固氮菌类肥料、解磷解钾菌类肥料、抗生菌类肥料和真菌类肥料等。这些生物肥料有的是含单一有效菌的制品,也有的是将固氮菌、解磷解钾菌复混制成的复合型制品,目前市场上大多数制品都是复合型的生物肥料。

使用生物肥料应注意以下问题:

(1)产品质量　检查液体肥料的沉淀与否、浑浊程度;固体肥料的载体颗粒是否均匀,是否结块;生产单位是否正规,是否有合格证书等。

(2)及时使用、合理施用　生物肥料的有效期较短,不宜久存,一般可于使用前2个月内购回,若有条件,可随购随用。还应根据生物肥料的特点并严格按说明书要求施用,须严格操作规程。喷施生物肥时,效果在数日内即较明显,微生物群体衰退很快,应予及时补施,以保证其效果的连续性和有效性。

(3)注意储存环境,注意与其他药、肥分施　不得阳光直射,干燥通风,避免潮湿等。在没有弄清其他药、肥的性质以前,最好将生物肥料单独施用。

四、施肥种类及时期

核桃施肥分基肥和追肥两种。

1.基肥

基肥又称底肥。一般是经过腐熟的有机肥料,如厩肥、堆肥、圈肥等,能够在较长时间内持续供给树体生长发育所需要的养分,并能在一定程度上改良土壤性质和土壤结构。

(1)施肥时期及种类　在秋季采果后到落叶前完成，以9月中下旬至10月中旬进行为好。肥料以腐熟的农家肥为主，配合施入生物菌肥、复合肥和中微量元素肥。若没有农家肥，可以用生物有机肥或商品有机肥代替，施肥量按说明施用。

(2)施肥量　施肥量的确定主要依据土壤肥力水平、核桃生长状况以及不同时期核桃对养分的需求变化等，其用量是每生产1千克核桃施入5千克有机肥，混入适量磷、钾肥。一般1～2年生幼树，株施有机肥5～10千克，混过磷酸钙0.3千克。3～5年生幼树，株施有机肥20～30千克，混过磷酸钙0.5～1千克。初挂果树(6～10年)，株施有机肥30～50千克，配合施过磷酸钙1～2千克，盛果期树(10年以上)，株施有机肥80～100千克，配合施过磷酸钙2～3千克。基肥用量占全年施肥量的60%～70%。

2.追肥

追肥是对基肥的一种补充，其主要作用是满足某一生长阶段核桃树体对养分的大量需求。追肥可供给树体当年生长发育所需的营养，既有利于当年壮树丰产和优质，又给来年生长结果打下基础。

追肥次数和时期与气候、土质、树龄、树势等有关。施肥时期应根据核桃不同物候期的需肥特点和土壤中营养元素的变化规律，以及不同肥料的性质来确定。高温多雨地区或砂质土壤肥料易流失，追肥宜少量多次。幼树追肥次数宜少，随树龄增加和结果量的增多，树势逐渐衰弱，追肥次数应增多，以缓解生长和结果之间的矛盾。核桃树一般每年追肥2～3次，主要是在树体生长期进行，以速效性无机肥料为主，如尿素、碳酸氢铵以及氮、磷、钾复合肥等。

核桃树一般有以下几个追肥时期：

(1)萌芽期或开花前(4月上旬至4月中旬)　以促进开花坐果和新梢生长。核桃树因萌动发芽后，生理活动日益旺盛，生长发育迅速加快，呼吸强度增高，新陈代谢增强，细胞分裂明显加速，需要大量的营养物质和能源物质，才能使发叶抽梢和开花结果等生理活动顺利进行，此时应及时追施速效氮肥，促进开花坐果和新梢生长。追肥量为全年追肥量的50%。

盛果期树如果前期营养供应不足，会阻碍树体的生长发育，影响开花与坐果。

(2)幼果发育期(6月) 仍以速效氮肥为主，与磷、钾肥配合施入。此期追肥是补充开花消耗的大量养分，满足幼果生长需要的营养，减少生理落果，加速幼果生长，促进新梢生长和木质化以及花芽分化。追肥量占全年追肥量的30%。

(3)硬核期(7月) 以氮、磷、钾三元复合肥为主。主要作用是供给核仁发育所需的养分，保证坚果充实饱满。此时内果皮硬化，核仁发育和花芽分化，都需要大量的磷肥和钾肥。若这次施肥能及时，且肥量充足，既是当年生产的保证，又是翌年丰产的基础，非常重要。此期追肥量占全年追肥量的20%。

在基肥量较大，有机质含量较高的情况下，追肥次数过多，效果并不明显，一般以每年追肥2次左右为宜。

追肥量的确定因树龄、树势、品种、土壤和肥料的不同而不同。生长较旺的幼树应少施氮肥，多施磷、钾肥，以控制枝条旺长，促进枝芽成熟，增强抗逆性，提早进入结果期。生长较弱的盛果期树应适当增加氮肥和钾肥用量，使氮、磷、钾比例适当，保证大量结果和生长发育需要。进入衰老期的大树应多施氮肥，以复壮树势，延长结果年限。

晚实核桃在中等土壤肥力条件下，按树冠垂直投影面积(或冠幅面积)每平方米计算，在挂果前的1～5年间，每平方米树冠投影年追肥量(有效成分)为：氮素50克、磷和钾各10克；进入结果期的6～10年生树，每平方米树冠投影面积施氮素50克、磷和钾各20克。进入盛果期后，追肥量应随树龄和产量的增加而增加。

核桃具体施肥量可参照表6—1执行。

表6—1 核桃树施肥量标准表

时期	树龄(年)	每株树平均施肥量(有效成分)(g)			有机肥(千克)
		氮	磷	钾	
幼树期	1～3	50	20	20	5
	4～6	100	40	50	5
结果初期	7～10	200	100	100	10
	11～15	400	200	200	20
盛果期	16～20	600	400	400	30
	21～30	800	600	600	40
	＞30	1 200	1 000	1 000	＞50

3.叶面喷肥

叶面喷肥又叫根外追肥，是把肥料配成一定浓度的溶液喷施于叶面上，是补充养分不足的追肥措施。此种方法具有用肥少，见效快，利用率高，可与多种农药混合喷施等优点，并可避免某些元素在土壤中被固定而不易被吸收，是追施微量元素的好方法，对缺水少肥的地区尤为实用。

具体做法是：把肥料溶解在水里，配成所需要的浓度肥液，用喷雾器细致地喷布在叶、枝、花、果上，使肥液通过各部器官的气孔(主要是叶背上的气孔)进入树体，以提高光合强度和光合产物，迅速满足树体对养分的需要。叶面喷肥的种类和浓度为：尿素0.3%～0.5%，过磷酸钙0.5%～1.0%，硫酸钾0.2%～0.3%(或1.0%的草木灰浸出液)，硼酸0.1%～0.2%，钼酸铵0.5%～1.0%，硫酸铜0.3%～0.5%。总的原则是生长前期应稀些，后期可浓些。一般可掌握在花期、新梢速长期、花芽分化期及采收后进行，特别是花期喷硼或硼加尿素，能明显提高坐果率。喷肥宜在10：00以前和16：00以后进行，阴雨或大风天气不宜喷肥。

根外追肥具有补充营养的效果，但其只是一种补肥的应急措施，不能代替土壤施肥，二者结合才能取得良好效果。根外追肥可以结合防治病虫进行，但碱性农药不能同酸性肥料混喷，以免酸碱中和失去二者的作用。

五、施肥方法

1. 环状沟施法

在树冠投影外缘挖深 40～50 厘米，宽 30～40 厘米的环状施肥沟（图 6－1），然后将表土与肥料混匀施入沟底，再覆心土。施肥沟的位置应随树冠的扩大逐年向外扩展。此法多用于 4 年生以下幼树，也用于大树施基肥。

2. 放射状沟施法

距树干 80～100 厘米处向外挖放射状沟 4～6 条，近树冠处沟浅而窄，向外逐步加深加宽，沟长达树冠外缘，沟宽 30～40 厘米，沟深 40～50 厘米，里浅外深（图 6－2）。施肥后填平，隔年更换放射沟位置，并随树冠的不断扩大而逐渐外移。此法多用于成年大树。

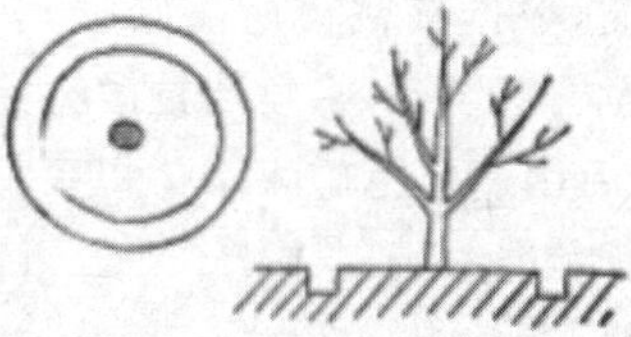

图 6－1　环状沟施法

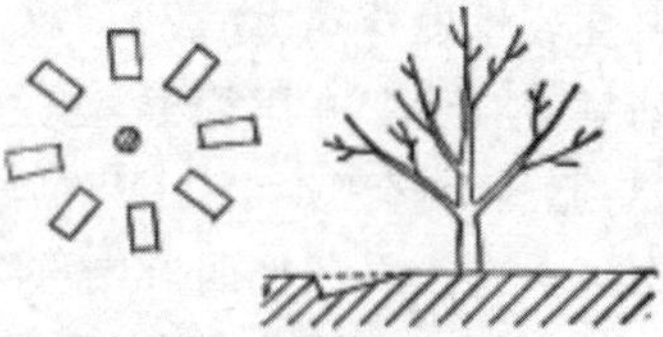

图 6－2　放射状沟施法

3. 条状沟施法

适用于幼树或成年树。即在行间或株间，分别在树冠相对的两侧，沿树冠投影边缘挖成相对平行的两条沟，从树冠外缘向内挖，沟宽 40 厘米，深 40～50 厘米，长度视树冠大小而定，幼树一般 1～3 米。肥、土混匀，施入沟内，覆土。第二年挖沟位置应换到另外相对的两侧(图 6—3)。

4. 穴状施肥

在树冠投影外缘挖 4～8 个穴,深、宽各 20～30 厘米,穴的分布要均匀,树冠大时,可在树冠半径 1/2 处增加几个施肥穴。此法多用于追肥(图 6—4)。

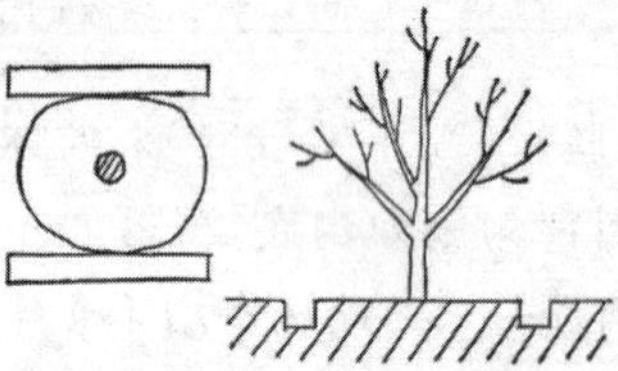

图 6—3 **条状沟施法**

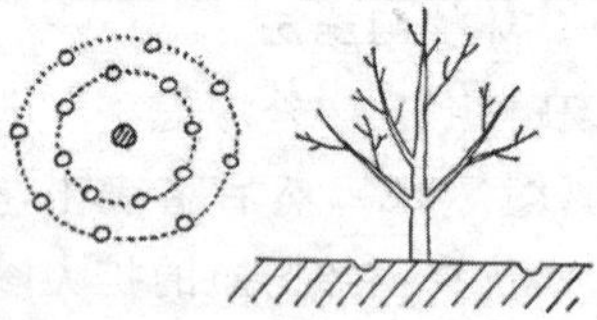

图 6—4 **穴状施肥**

5. 全园撒施

适用于平地成龄核桃园,将肥料均匀撒在园内行间,然后翻入 20 厘米左右深的土壤中,整平。此法简便易行,但施肥量大,经常撒施易引起根系上浮。

6. 简易水肥一体化

在春季发芽期、夏季果实发育期,根据核桃树所需肥种,利用贮药罐、加压泵、高压管子、三轮车等机械设备,将喷药枪改为追肥枪,将肥料溶解于水中,用药泵加压后用追肥枪施入果树根系集中分布区。有滴灌条件的,可通过滴灌实现水肥一体化。

第三节 水分管理

核桃树对空气的干燥度不敏感,但对土壤水分状况则比较敏感,在长期晴朗干燥的天气,充足的日照和较大的昼夜温差条件下,只要有良好的灌溉条件,就能促进核桃大量开花结实,并提高果仁品质和产量。核桃幼龄期树生长季节前期干旱、后期多雨，枝条易徒长，造成越冬抽条；若土壤水分过多，通气不良，根系的呼吸作用受阻，严重时使根系窒息，影响树体生长发育。土壤过旱或过湿均对核桃的生长和结实产生不良的影响。因此，根据核桃树的代谢活动规律，科学灌水和排水，才能保证树体的根、枝、叶、花、果的正常分化和生长，达到核桃优质高效生产的目的。

一、灌水

核桃树属于生长期需水分较多的树种。一般情况下，年降水量在 500～700 毫米，且降水量分布均匀的地区，可以满足核桃生长发育的需要，不需要灌水。但在降水量不足或年分布不均的地区，就要通过灌水措施补充水分。我国北方核桃产区年降水量多在 500 毫米及以下，并且经常出现春季、夏季雨水分配不均，缺水干旱的现象，应通过灌水补充水分。

1. 需水关键期

一年当中，树体的需水规律与器官的生长发育状况是密切相关的。关键时期缺水，就会产生各种生理障碍，影响核桃树体正常生长发育和结实。因此，要通过灌水来保证核桃生长发育的需要。但灌水的时间与次数，应根据当地的立地条件、气候变化、土壤水分和树体的物候期具体确定。以下是核桃生长发育过程中几个需水关键时期，如果缺水，需要通过灌溉及时补充水分。

(1)春季萌芽前后(3～4 月份)　此期树体需水较多，经过冬季的干旱和蓄势，核桃进入芽萌动阶段且开始抽枝、展叶，树体生理活动变化急剧且迅速，需要大量的水分，才能满足树体生长发育的需要。此时正值北方春旱少雨季节，若土壤墒情较差，则会严重影响新根生长、萌芽的质量、抽枝快慢和开花的整齐度。因此，应结合追肥，进行灌水。

(2)开花后(5～6 月份)　雌花受精后，果实进入迅速生长期，其生长量占全年生长期的80%以上。同时,雌花芽的分化已经开始,均需要大量的水分和养分,是全年需水的关键时期。如干旱应及时灌水,以满足果实发育和花芽分化对水分的需求。

(3)花芽分化期(7～8月份) 此期核桃树体的生长发育比较缓慢,但是核仁的发育刚刚开始,并且急剧且迅速,同时花芽的分化也正处于高峰时期,均要求有足够的养分、水分供给树体。此期正值北方的雨季,不需要进行灌水,如遇长期高温干旱的年份,需要灌足水分,以免缺水给生产造成不必要的损失。

(4)封冻水(10月末至11月份) 此期树体需要进行调整,应结合秋施基肥灌足封冻水。一方面可以使土壤保持良好的墒情,另一方面,此期灌水能加速秋施基肥快速分解,有利于树体吸收更多的养分并贮藏和积累,提高树体新枝的抗寒性,也为越冬后树体的生长发育贮备营养,有利于翌春萌芽和开花。

2.抗旱蓄水保墒

(1)在无灌溉条件的山区或缺乏水源的地方,冬季应注意积雪贮水,或利用鱼鳞坑、蓄水池等水土保持工程拦蓄雨水,以备关键时期利用。也可以通过扩穴改土,增加蓄水能力。

(2)在瘠薄干旱的核桃园,地膜覆盖与穴贮肥水相结合效果很好。在树盘根系集中分布区挖深40～50厘米、直径40厘米的穴,将优质有机肥约50千克与穴土拌合填入穴中。也可填入一个浸过尿液的草把,浇水后盖上地膜,地膜中心戳个小洞,用石板盖住,追肥灌水可于洞口灌入肥水(30千克左右),水深入穴中再封严。施肥穴每隔1～2年改动一次位置。

覆盖地膜后,大大减少地面水分蒸发消耗,使土壤形成一个长期稳定的水分环境,有利于微生物活动和肥料的分解利用,起到以水济肥的作用。

(3)穴贮肥水主要技术

①处理草把 将玉米秸、麦秆或杂草切成30～35厘米长的小

段后，捆成直径为25～30厘米的草把，共扎3道。

②挖穴　根据树冠大小确定挖穴数量，10年生树挖4～6个穴。穴位在树冠垂直投影下稍里，穴直径在30～40厘米，比草把略大，穴深35～40厘米。

③埋草把　将草把放入穴内，覆土1厘米，再施尿素50克，浇水4～5千克。

④覆盖薄膜　最后用薄膜覆盖整个树盘，穴口比要树盘低1～2厘米。以后浇水时，用木棍戳孔，每穴浇水4～5千克。需施追肥时，将化肥溶于水中浇施。

二、排水

核桃树对地表积水和地下水位过高均很敏感。积水易使根部缺氧窒息，影响根系的正常呼吸。如积水时间过长，叶片就会萎蔫变黄，严重时整株死亡。此外，地下水位过高，会阻碍根系向下伸展。因此，在低洼常有积水和地下水位过高的地区，建园前应注意修筑台田和排水沟，以防积水时及时排水。

第七章

花果管理

核桃树的花果管理是实现高产稳产，提高果实品质和延长经济寿命，获得显著效益的关键技术环节。

第一节 授粉特性与授粉

一、授粉特性

核桃雌花的柱头不分泌花蜜，无蜜蜂或其他昆虫来访，只能靠风传粉，系风媒花。花粉传播的距离与风速、地势等有关，在一定距离内，花粉的散布量随风速增加而加大，但随距离的增加而减少。据研究报道，最佳授粉距离应在距授粉树100米以内，超300米，几乎不能授粉，这时需进行人工授粉。花粉在自然条件下的寿命只有5天左右。据测定，刚散出的花粉生活力高达90%，放置一天后降至70%，在室内条件下，6天后全部失活，即使在冰箱冷藏条件下，采粉后12天，生活力也下降到20%以下，在一天中，以上午9～10时，下午3～4时授粉效果最佳。

核桃的授粉效果与天气状况及开花情况有较大关系。多年经验证明，凡雌花期短，开花整齐者，其坐果率就高；反之则低。据调查，雌花期5～7天者，坐果率高达80%～90%，8～11天者坐果率在70%以下,12天者坐果率仅为36.9%。花期如遇低温阴雨天,则会明显影响正常的授粉受精活动,降低坐果率。

二、影响核桃授粉受精的原因

(1)核桃属异花授粉树,单性花,花期不一致,自花授粉率低,有的同一株树上雌雄花相差20多天,造成花期不遇影响授粉受精。

(2)核桃花粉发芽率较低,仅有5%～8%,且花粉粒较大,靠风力传播范围有限,因此,散生核桃树常因授粉受精不良,影响坐果和产量。

(3)核桃很多幼树最初几年只开雌花,3～5年以后才出现雄花。少数进入结果盛期的无性系核桃园,由于缺乏配置授粉树,加之存在雌雄异熟现象,严重影响坐果和产量,零星栽种的核桃树更甚。

(4)因受不良气候因素影响(如低温、降雨、大风、霜冻等),雄花散粉受阻,影响坐果和产量。核桃花期要求最适温度为25℃,湿度为40%～70%。花期如遇低温,则授粉受精不良,温度低于-1.1℃～-0.55℃持续半小时,花器将遭受冻害;若花期遇到连阴雨,柱头上的花粉被雨水冲掉,空气中的花粉量减少,影响授粉;大风能吹干柱头,使其丧失授粉受精能力,影响核桃坐果率。

三、人工授粉

核桃存在着雌雄异熟现象,开花期很不一致,一些品种即使在同一株树上,雌雄花期可相差20多天。为了保证核桃丰产、稳产,可通过人工辅助授粉,提高坐果率。在正常气候条件下,人工辅助授粉可提高坐果率5.1%～31%。根据河北省涞水、武安、鹿泉、平山、灵寿等地试验,在雌花盛期进行人工授粉,可提高坐果率17.3%～19.1%,进行2次人工授粉,其坐果率可提高26%。对一些无性系优良品种核桃园和从新疆引进的实生树，因雌雄花期相差很大，若无授粉树或距授粉树超过 100 米的核桃园，应辅助人工授粉。

核桃幼树开始结果的最初几年，一般只开雌花，约 3～5 年后才有雄花。为了促进幼树正常授粉和坐果，需要进行人工授粉。特别是在核桃园附近缺少成年大树的情况下，人工辅助授粉尤为重要。在核桃栽植分散的地区及花期遇不良天气的情况下，人工辅助授粉能收到显著的增产效果。

1. 花粉的采集和保存

在上午 8～10 时从生长健壮的成年树上采集基部将要散粉（花序由绿变黄）或刚刚散粉的粗壮雄花序，放在干燥的室内或无阳光直射的地方晾干，温度保持在 20℃～25℃条件下，经 1～2 天即可散粉，筛出花粉，装入指形管或小青霉素瓶中，瓶口用棉花塞严盖好，置于 2℃～5℃的低温条件下备用。在常温条件下，花粉生活力可保持 5 天左右，在 3℃的冰箱中可保持 20 天以上。需要花粉量，可参考河北农业大学的试验，465 千克雄花序，阴干后可出花粉 5.3 千克，折合每千克 2.87 克。按抖授花粉的方法计算，平均每株授粉 2.8 克。喷授花粉每株需要 3 克。

2. 授粉最佳时期

在雌花柱头开裂呈“倒八”字形，其柱头呈羽状突起分泌大量粘液并具有光泽时，为雌花盛期，此时是雌花接受花粉的最佳时期。雌花授粉期较短，一般为 2～3 天。雄先型植株的雌花授粉期只有 1～2 天。因此，要抓紧时间授粉。有时因天气状况不良，同一株树上雌花期早晚相差 7～10 天，为提高坐果率，有条件的地方可进行两次授粉。实践证明，在雌花开花不整齐时，两次授粉比一次授粉坐果率提高 8.8%左右。辅助授粉可于上午 9～10 时进行，效果理想。

3.授粉方法

根据核桃品种及树体大小不同，采取不同的授粉方法。

(1)对树体矮小的早实核桃幼树，采用授粉器或用"医用喉头喷粉器"代替。将花粉装入喷粉器的玻璃瓶中，在树冠中上部喷布(注意喷头要距柱头30厘米以上)。此法授粉速度快，但花粉用量大。也可用新毛笔蘸少量花粉，轻轻点弹在柱头上，注意不要直接往柱头上抹，以免授粉过量或损坏柱头，导致落花。

(2)对成年树或高大的晚实核桃，采用花粉袋抖授法。即将花粉装入2～4层纱布袋中，封严袋口，拴在竹竿上，然后在树冠上方迎风面轻轻抖撒。也可将立即散粉的雄花序采下，每4～5个为一束，挂在树冠上部，任其自由散粉，效果很好。此外，可将花粉配成悬液(花粉与水之比为1∶5 000)进行喷洒，有条件时可在水中加10%蔗糖和0.02%的硼砂(酸)，促进花粉发芽和受精。此法既节约花粉，又可结合叶面喷肥进行，适于山区或水源缺乏的地区。

第二节　疏雄疏果

在核桃雄花和雌花发育过程中，需要消耗大量树体内贮藏的营养和水分，尤其是在雄花序快速生长和雌花大量开放时，树体内的水分多少往往成为雌花生长发育的限制因子，疏除过多的雄花可减少树体内养分和水分的消耗，使更多的营养和水分供给雌花发育和开花坐果，从而提高产量和品质，同时有利于新梢生长和增强树势。

一、疏除雄花

疏雄时期以早疏为宜，越早增产越明显。一般以雄花芽休眠期到膨大期疏雄效果最好，待雄花序明显伸长以后再行"疏雄"效果不明显。疏雄量应根据雄花芽数量多少和混合芽与雌花芽的比例决定。一般以90%～95%为宜，使雌花与雄花数之比达1∶30～1∶60。但对以下情况者，雄花要少疏或不疏。①对不开展人工辅助授粉的核桃树，雄花不宜疏除过多；②对于混合芽较多，雄花芽较少或很少的植株，应少疏或不疏。③对栽植分散的植株可适当少疏或不疏。疏雄方法可根据树体高矮，采用带钩木杆，将枝条拉下用手掰除。也可结合修剪进行疏雄。

二、疏除幼果

早实核桃以侧花芽结实为主，雌花量较大。进入盛果期，为保证树体营养生长和生殖生长的相对平衡，保持优质高产和稳产，必须疏除过多的幼果。否则，会因结果太多而造成坚果个变小，品质变差，严重时导致树势衰弱和枝条大量干枯，甚至死亡。疏果时间可在生理落果后，即在雌花受精后的20～30天，当子房发育到1.0～1.5厘米时进行为宜。疏果量依树势及栽培条件而定，一般中等以上立地条件和中等偏旺树势，每平方米树冠投影面积留果量为60～80个，立地条件优越和树势很强的核桃树，每平方米树冠投影面积留果80～100个。

疏果仅限于坐果率高的早实核桃品种，尤其是因树弱而多挂果的树，先疏除弱树或细弱枝的幼果，也可连同弱枝一同剪掉。每个花序有10个以上幼果时，应视结果枝的强弱仅保留2～3个。留果部位在冠内要分布均匀，郁闭内膛应多疏。

第三节　花期喷肥、摘叶

一、花期喷肥

在雌花盛花期喷生长调节剂和微肥，能显著提高核桃坐果率。

喷施浓度为：赤霉素 50 mg/L、硼酸 500 mg/L、尿素和磷酸二氢钾 0.3%～0.5%。喷施时间在上午的 9～10 时或下午 4 时后进行。若在药肥中加入适量花粉，效果会更好。

二、花期摘叶

适时摘叶既能提高坐果率，又能延缓叶片的光合作用时间，使幼果生长得到较充足的营养。此外，由于新生枝叶的迅速生长，光合作用的加强，果实所需营养能够及时得到补充，使产量提高且品质不受影响。

1. 摘叶时期

5 月初摘叶效果最好，坚果率和出仁率也较高。因为摘叶减少了叶面积，蒸腾失水减少，根系吸收的水分能够满足叶片的蒸腾，不再与果实争夺水分，枝叶、果实生长平衡，落果减轻。

摘叶过早，因早期养分积累少，用于光合作用、制造有机质的叶面积减少，限制了果实的生长，虽能提高坐果率，但坚果率和出仁率降低，果实品质下降。

摘叶过晚，对提高坐果率影响不显著，主要是核桃 5 月 10 日至 20 日为落果盛期，此间及以后再采用摘叶措施已为时过晚，发挥不了摘叶的作用。

2. 摘叶方法

核桃摘叶采用留顶部三片叶，坐果率较高。而留叶过多，叶果争水矛盾得不到根本解决，效果不明显；留叶过少，叶片制造的养分不能满足果实的生长发育，果实品质下降。因此适度摘除叶片，既降低了水分蒸腾，又节约了养分，同时限制了赤霉素（赤霉素有抑制新梢生长的作用）的产生，间接控制了过旺的营养生长，使坐果率提高。

第四节　花期冻害及预防

晚霜冻害是核桃产区常见的一种自然灾害，严重时往往造成绝收。晚霜多集中在每年的4月上中旬，此时核桃开始萌动，树液流动加快，低温、霜冻可直接冻坏嫩芽和花穗，给核桃生产造成难以估量的损失。

1.霜冻

(1)霜冻的概念

在晚秋或早春时，由于土壤、植物表面的温度降低到0℃或0℃以下，使植物遭受冻害或死亡的现象称为霜冻。

(2)霜冻的种类

①辐射霜冻　由于地面和植物表面强烈地辐射冷却而形成的霜冻称为辐射霜冻。一般范围小，强度弱，危害小。

②平流霜冻　由于大规模冷空气入侵而形成的霜冻称为平流霜冻。一般范围大、持续时间长，危害较重。

③混合霜冻　由于平流和辐射共同作用形成的霜冻。它的霜冻强度大，危害最为严重。

2.预防防治措施

(1)加强核桃园管理　秋季施足基肥，增加树体营养，提高枝条木质化程度，增强树体抗冻能力。或在9月上中旬，喷施0.3%～0.5%磷酸二氢钾两次，每次间隔10～15天，减少干梢的发生。

(2)熏烟驱霜　在核桃树相对集中地区，根据风向、地势、面积，用半干半湿的秸秆、落叶、杂草等交错堆积，并用土覆盖，留出点火及出烟口，每亩3～4堆，根据气象部门预报的霜冻时间，当温度下降到0℃时，点燃草堆，燃火时要做到火小、烟大，直至日出后继续保持浓烟1～2小时。熏烟可以防止地温散失，同时温暖的烟粒能吸收一部分水蒸气，使之凝聚成水滴，放出潜热，可提高地表气温1～2℃。此种方法用于平地、风小时效果较好。

(3)设风障防霜冻　对于栽植不集中的核桃树在霜冻到来之前，在寒风袭击面，用高杆秸秆、树枝扎成防风障，阻挡寒风有一定的效果。在温度低于－5℃或多风时，烟熏防霜冻效果差时，可将两种方法结合使用，效果更好。

(4)推迟萌动，躲避冻害　一是喷洒萘乙酸钾盐溶液等药剂、水或其他方法，推迟核桃树萌动，避过冻害危害。二是早春灌水，降低地温，推迟树体萌动。三是树干涂白，减少树体吸收太阳辐射热，促使早春树体温度上升减缓，推迟枝条萌动和开花，避过晚霜危害。

第八章

高接换优

高接换优是改造低产劣质树的有效途径之一。改造对象为现有良种核桃园中部分实生树和不适宜发展的品种。

第一节　高接换优

一、砧木的选择

选择立地条件好，树势生长旺盛，无病虫危害，树龄为5～15年生的低产劣质树。对于立地条件较差，树势较弱的低产树，应先扩穴改土，加厚土层，树势由弱转强后再进行改接，否则在改接后由于产量提高较快，树体得不到必要的营养补充，会造成早衰或死亡。对于过密的核桃园，可以进行隔株改接，未高接的树，待高接树成活后予以间伐。利用早实品种改接每亩最终保留20～30株为宜，晚实品种每亩保留10～15株。

二、品种的选配

优良品种是改接树丰产优质的基础。所以在品种选择上必须严格把关，做到品种纯正，来源清楚，质量可靠。拟选品种必须是通过省级以上技术鉴定定名，且经当地引种试验表现最佳的优良品种或无性系。经过多年的引种试验观察，适于渭南市目前推广的优良品种有辽核1号、4号，鲁光，香玲，西扶1号、2号，清香等。各地应根据当地的立地条件及各品种对立地条件的具体要求重点选用。每个高接园或高接点品种不宜太多太杂，以1～3个品种为宜，以免给后期管理和采果带来诸多不便。

三、接穗的采集、处理与贮藏

高接用的接穗应从专用的采穗圃、优良母树或品种可靠的丰产园中采集。采穗时间应在春季萌芽前20天左右进行，若是长途调条应在冬初或早春温度较低时进行，同时应注意做好保湿包装和严格的病虫检疫。采条时应选择树冠中上部外围一年生的生长枝或发育枝，其粗度为0.8～1.5厘米，生长健壮、通直，芽子饱满，髓心较小，充分木质化，无病虫危害。接穗剪下后即按质量要求剔除过粗枝、纯雄花枝和病虫枝，及时蜡封伤口，按品种每50枝或100枝捆好，挂上塑料标签，用湿砂埋藏于阴凉通风的地下窖或用塑料膜包装贮藏于冷库中，贮藏的适宜温度为0℃～5℃，相对湿度80%以上。

四、高接时期

高接时期可根据当地核桃物候期等情况来确定。根据核桃生理学特性，整个生长期都可嫁接，只是不同季节所采取的方法不同，适宜的土壤温度，空气温度、湿度和良好的通风条件有利于愈伤组织的形成，提高嫁接成活率。春季高接一般多在砧木萌芽至展叶期间进行，以展叶后的4月上旬为宜。高接过早时砧木伤流量大，砧、穗不能紧贴，加之接穗不离皮，难于插合。过晚时（幼果期）树体营养消耗过大，组织分生能力下降，同时影响当年新梢生长量。

五、"伤流"的控制

伤流是影响高接成活率高低的关键因素之一。高接时为防止伤流从伤口处溢出,影响成活率,处理方法是:

1. 干基部锯伤

为防止"伤流"对成活率的影响,应在干基部30厘米处或分枝基部用手锯螺旋状锯伤口,要求斜向、相互错开,深度约为砧木直径的1/5～1/7(切忌只锯破树皮),变伤流上流为下流。大树锯口2～3个,幼树切口1个。削面伤流的变化受立地条件、气温变化和树体本身的特性所决定。如有时嫁接时砧木并无伤流,但气温变化(寒流、低温、降水)时伤流会重新溢出。因此,处理"伤流"一定要认真,不能粗心大意。

2. 提前剪砧

高接前3～5天剪去砧木上部顶梢或锯掉接头,使伤流液提前从梢部伤口溢出,从而减少伤流对高接成活的影响。

六、高接方法

核桃树更新品种可采用多种方法,根据种芽接穗和砧木的结合形式,主要有春季枝接和夏季芽接两类方法。枝接,即利用枝接的方式对实生或低劣品种的核桃树进行嫁接换优改良,可分为劈接、插皮接和插皮舌接等。芽接主要有"T"字形和方块芽接。目前核桃高接以插皮舌接(又称皮下舌接)和插皮接为主。插皮舌接是生产中应用最广的高接方法,它具有砧穗伤口接触面广、成活率高的特点,但必须在砧木离皮的情况下进行,其技术关键是"舌接、包膜、遮阴"。若砧木未离皮,可采用劈接进行高接。夏季芽接主要采用方块形芽接法,嫁接时要做到"快割、快接、快绑",除萌时要做到"出头就抹,干净及时"。

高接时按改接树树龄和树体结构情况分多头高接和主干高

接，多头高接按主枝、侧枝、结果枝组的不同层次进行高接。

1. 插皮舌接法

(1)接穗削取　选取 1 年生充分木质化的枝条，剪成长 12～15 厘米，上端保留 2～3 个饱满芽的枝段，用锋利的刀具将接穗下部削成长 6～8 厘米的马耳形斜面，削面要平滑。

(2)砧木截削　先用手锯截去待高接枝的上部，用刀削平锯口，在砧木锯口下侧面选择光滑部位，按照接穗削面的形状，由下而上轻轻削去老粗皮，露出嫩皮，其削面的大小略大于接穗削面，并在砧木削面上端中央纵切 1～2 厘米的切缝，深达木质部。每株接头的多少以砧树的大小而定。一般 6 年生以下的树进行单头高接，高接树干高 0.8～1.2 米为宜，7 年以上的树每株接 2～4 个接头。

(3)插接穗　用手指捏开接穗削面背后皮层，使之与木质部分离，然后将接穗的木质部插入砧木削面的木质部与皮层之间，使接穗的皮层敷贴在砧木的嫩皮上，使接穗的皮层插至微露削面即可。如果接口直径小于 3 厘米时，只插 1 根接穗；大于 4 厘米时，可插 2～3 根接穗(图 8－1)。

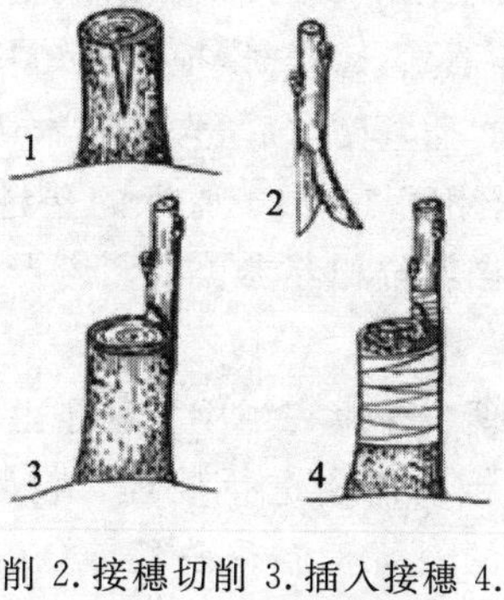

1. 砧木切削 2. 接穗切削 3. 插入接穗 4. 接口包扎

图 8－1　插皮舌接

(4)接口及接穗绑扎　用乙烯带或麻皮从上至下螺旋状绑扎绑紧接口，使接穗固定。绑扎时松紧要适度。

(5)接口保湿

①装土保湿插皮舌接法　用两开报纸卷在砧木接口部呈筒状(筒直径8～12厘米，长25～30厘米)，先扎紧下端，然后往筒内装入细湿土(手握成团，丢之即散)，轻轻掏实，严防伤芽子。湿土埋住上芽1厘米为宜。最后外套与纸筒粗细相当的塑料袋，筒上部留3～5厘米空间，最后用丙烯绳从下至上螺旋式绑扎3～5圈，使塑料袋与纸筒固定为一体。这样，每个接头尤如一个小型温室，满足砧穗愈合对温湿度的要求。

②地膜包扎报纸遮阴插皮舌接法　采用6～8厘米宽的地膜由上至下缠绑砧、穗插皮部位及接穗，代替了装土保湿，最后用报纸遮阴外套塑料袋。注意用地膜缠绑接穗时将芽子一并包扎，但是芽子处只能缠绕一层地膜。

这两种方法的好处在于便于"放风"和提高嫁接速度，对于不便取湿土的地方采用②更为简便。

③蜡封保湿　此法操作简单。事先在室内削好接穗，然后将接穗在熔化的石蜡液中浸蘸，以接穗被蜡液全部封闭为准(蜡封具体方法见蜡封核桃接穗)。嫁接时，把接穗马耳形削面上的石蜡刮去，并薄薄削去一层。插入砧木后，先在砧木切面上盖一小块塑料薄膜，并用绳绑紧，再用宽2～2.5厘米的塑料带，将接穗(除上部两个饱满芽外)和嫁接部位相互参盖绑紧绑严。

2. 方块芽接

(1)改接砧木处理　芽接在当年生新梢上嫁接成活率最高，夏季芽接改接时，对改接树需要进行处理。树龄不同，处理方法不同，对于3年生以下的树可于春季萌芽前，在主干上离地面30～40厘米处截断，萌芽后留2～3根新梢，其余抹去；3年生以上的树于春季萌芽前，将主枝保留8～10厘米，全部剪断，萌芽后每主枝留1个新梢；在第一层主枝以上将中心干保留15～20厘米截断，萌芽后保留两个新梢。

(2)嫁接时间 核桃形成愈伤组织适宜温度为25℃～28℃，低于15℃或高于35℃，均不利于愈伤组织的形成。关中地区以5月20日至6月20日为宜。以物候期判断：即当地麦子发黄时开始嫁接。过早芽子发育不好，过晚一是进入雨季，影响成活率，二是接芽萌动抽梢短，生长不充实(木质化程度差)，不能安全越冬。

(3)接穗的选择与采集 选优种采穗圃或优种母树外围生长健壮、芽体饱满、无病虫害的当年生半木质化发育枝。剪去基部瘪芽和顶部过嫩部分，剪除复叶保留0.5～1.0厘米长的叶柄(接时削平叶柄，便于包扎)，用湿布包裹或放入水桶中保湿。最好随采随接。

(4)取芽片 从接穗上选取饱满叶芽或复合芽，在芽的上部1.0～1.5厘米处和芽的下部2.0厘米处各横切一刀，深达木质部，在芽(叶柄)的两侧各纵切一刀，从接穗上取下芽片，叶片长3～4厘米，取下的芽片要完整、要保证芽内维管束(护芽肉)完好无损

(5)削砧木 在砧木当年生枝条上取长3～4厘米，宽0.7厘米左右的长方形皮块，砧木切口宽度可稍大于接穗芽片宽度。

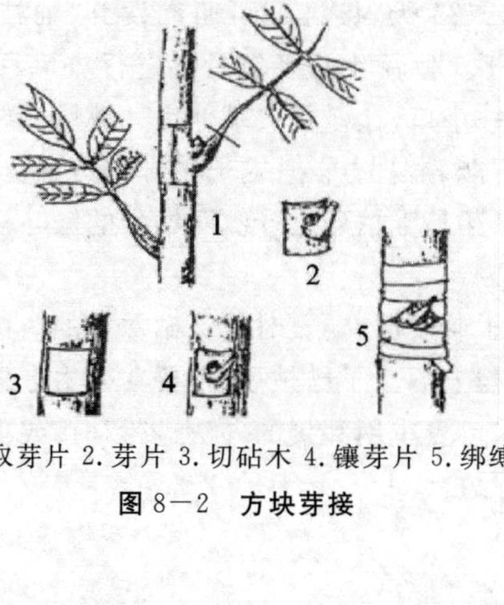

1.取芽片 2.芽片 3.切砧木 4.镶芽片 5.绑缚

图8－2 方块芽接

(6)嵌入芽片　将芽片贴于砧木切口处,用地膜绑紧缠严,接芽处用单地膜缠严。嫁接部位上留 2 个复叶,等嫁接芽萌发后在嫁接部位上端 3～4 厘米处剪除砧木段,促进新芽生长(图 8—2)。

注意:夏季芽接在砧木切口下要留“出水口”或“流水槽”,避免因伤流过多而影响嫁接成活。

第二节　高接后的管理

核桃树高接后的管理极为重要,生产上往往忽视此项工作,造成前功尽弃,或成活后保存不下来。

一、枝接接后管理

1. 补接

对高接未成活的核桃树,当年选留 3～5 个生长位置好的健壮芽作为骨干枝培养,夏季进行芽接。

2. 放风

高接后 20～25 天,接穗即可萌动发芽、抽枝展叶,这时每隔 2～3 天观察一次,对展叶的接包及时进行放风,即用刀尖将塑料袋的上端打开一小口,让嫩梢尖端伸出。放风口要由小到大,不可一次打开,更不能轻易过早把袋子去掉。放风必须适时,放风早了,接穗上的嫩芽易干枯死亡;晚了,抽生的嫩叶易发生日灼现象。

3. 除萌

当接穗芽子萌发后,要及时抹除砧木上的萌芽,以免影响接芽的生长。若接穗上的芽子已枯死时,要在砧木上选留 1～2 个位置合适的萌蘖枝,待夏季用芽接的办法进行补接或次年春季改接,否则会导致砧木死亡。

4.设支撑,防风折

当新梢生长到30厘米时,要及时在接口处绑缚长1.5米左右的支柱,并将新梢轻轻绑缚在支柱上,以防风折,随着新梢的生长要绑缚2～3次。

5.摘心

当枝接新梢生长到60厘米时,要及时摘心,以增加分枝,促进木质化。

6.解绑

高接后2～3个月时,要及时解除接口处的乙烯绑扎带和接穗上的地膜,将报纸和塑料袋一并包裹在接口处。

二、芽接后管理

1.除萌

接后10～15天接芽萌发后,及时抹除砧木上萌芽(包括复叶叶腋部位的芽和砧木上的芽)。

2.剪砧

接芽萌发2厘米左右时在嫁接部位上端3～4厘米处剪除砧木段(第二次剪砧)。

3.松绑

接芽长到15厘米时,在芽背面用刀纵切绑扎物松绑。

4.绑扶杆

在新梢长到20～30厘米时,应立支柱引绑新梢,防止风折。绑缚时在新梢处不可太紧或太松,以免勒伤或不起作用。

5.摘心

8月中旬当接芽长到40厘米时摘心,促枝条木质化。

三、其他管理

1.病虫害防治

在新梢生长期,避免遭受食叶害虫危害,要及时检查,适时防治。同时加强肥水管理,保证接芽正常生长。

2.冬季防寒

嫁接当年萌发的新梢,耐寒力较差,最好在秋季落叶后,对所有一年生枝采取涂白或涂聚乙烯醇进行防寒处理。

3.肥水管理

嫁接后,视土壤墒情加强水肥管理,在土壤缺墒不太严重时,接后2周内不浇水施肥,当新梢长到10厘米以上时应及时追肥浇水,亦可将追肥、灌水和松土除草结合进行。对没有灌溉条件的大树,可进行叶面喷肥,每10~15天喷施300倍尿素,也可与病虫害防治时的农药一起喷施。8月停止喷施尿素,改喷300倍磷酸二氢钾,防止新梢徒长。

嫁接后1~3年内,高接树下可以间种农作物,但必须留有一定面积的树盘。对高接树除草松土时,既要保持树下土壤疏松,又要注意不能伤其树干。在正常情况下,落叶前施一次厩肥,施肥量以树冠垂直投影面积计算,每平方米施厩肥4~5千克。果实膨大期(5月中旬)追施一次化肥,每平方米垂直投影面积可施氮、磷、钾复合肥80~100克。施肥后应及时灌水,无灌溉条件的地方应在雨前抢施肥料。

第三节　高接树整形修剪

高接树的整形修剪是促进改接树尽快恢复树冠,提高产量的重要措施。改接树当年由于树体营养集中消耗,发枝量较多且较长，如不合理修剪就会促使枝条侧芽大量萌发，常造成枝条紊乱，同时形成大量果枝，结果后下部枝条枯死，难以形成主次分明的树体结构。因此，在高接 2～4 年，要注意主侧枝的选留，及早培养为新的树体结构。树形一般培养成主干疏层形或多主枝圆头形。要及时调节各级骨干枝长势，培养结果枝组，并及时处理过密、交叉、重叠、病虫枝，调节生长与结果的矛盾，改善通风透光条件，克服大小年现象，保证树体丰产稳产。

第九章 整形修剪

整形修剪是核桃栽培管理中的一项重要技术措施，对幼树及初结果树尤为重要。合理地进行整形修剪，使树冠具有良好的通风透光条件，可以保证幼树健壮成长，促使早果丰产，维持营养生长与生殖生长之间的良好平衡，也可为成年树的丰产、稳产、优质、长寿打下良好的基础。同时，科学合理的整形修剪，可以克服低产低效核桃树的大小年现象。

第一节　整形修剪的概念

一、整形

整形是通过适当的修剪措施，培养核桃骨干枝，使冠内各类枝条分布合理，保证冠层通风透光，形成良好的丰产树形。

整形的主要内容包括：

1. 主干高低的确定

主干是指从地面开始到第一主枝的分枝处的高度。生产中，应综合考虑核桃树建园地点的土层厚度、土壤肥力、土壤质地、灌溉条件、栽植密度、生长期温度高低、管理水平等因素。一般情况下，有利于树体生长的因素越多，定干可高些，反之则低些。

2. 骨干枝的数目、长短、间隔距离

骨干枝是指构成树体骨架的大枝(主枝和大的侧枝),选留的原则是:在能充分满足占满空间的前提下,大枝越少越好,修剪上真正做到"大枝亮堂堂,小枝闹攘攘";主枝的长度应以行距的一半为宜,避免交叉,同时利于通风透光,为果园管理和田间作业提供方便;主枝间隔距离应掌握主枝越大,间隔距离越大,反之则相反。

3. 主枝的伸展方向和开张角度的确定

主枝应尽量向行间延伸,避免向株间方向延伸,以免造成郁闭和交叉,主枝的开张角度应根据密度来确定,密度越小,开张角度应加大,密度大则角度应小,目的是有利于控制树冠的大小。

二、修剪

修剪是在核桃树整形过程中和完成整形后,为了维持良好的树体结构,使其保持最佳的结果状态,每年的冬季都要对树冠内的枝条,适度地进行疏剪、短截和回缩,夏季采取拉枝、疏枝、摘心等技术措施,以便在一定形状的树冠上,使其枝组之间新旧更替,结果不绝,直至树体衰老不能再更新为止。

第二节　整形修剪的目的

整形修剪的目的是为了使核桃树早结果、早丰产,延长其经济寿命,同时获得优质的果品,提高经济效益,使栽培管理更加方便省工。

一、通过修剪完成整形

通过修剪,使其有合理的干高,骨干枝分布均匀,伸展方向和着生角度适宜,主从关系明确,树冠骨架牢固,与栽培方式相适应,为丰产、稳产、优质打下良好的基础。

二、调节生长与结果的关系

核桃树开始结果以后，生长与结果多年同时存在，相互制约，对立统一，在一定条件下可以相互转化。通过修剪对不同品种、不同树龄、不同生长势的树，适时、适度地做好转化工作，使生长与结果建立起相对的平衡关系。

三、改善树冠光照状况，增强光合作用

果实中90%～95%的有机物质都来自于光合作用。“无光不成花、无花不结果”，只有冠内光照达到自然光照的30%以上，才能成花结果。整形修剪有利于形成外稀内密、上疏下密、里外透光的良好树体结构。改善树体光照状况，提高叶片光合作用效率，有利于成花和提高果实品质。

四、改善树体营养和水分状况，更新结果枝组，延迟树体衰老

整形修剪可以改变树体内营养物质的产生、运输、分配和利用。重剪能促进营养生长，扭伤有利于花芽形成。通过修剪，更新结果枝，做到“树老枝不老”，延长结果年限。

第三节　整形修剪的作用

一、调节树体与环境之间的关系

整形修剪可调整核桃树个体与群体结构，提高光能利用率，创造较好的微域气候条件，有效地利用空间。良好的群体和树冠结

构，有利于通风、调节温度、湿度和便于操作。

提高有效叶面积指数和改善光照条件，是核桃树整形应遵循的原则，必须两者兼顾。只顾前者，往往影响品质，也影响产量；只顾后者，则往往影响产量。

增加叶面积指数，主要是多留枝，增加叶丛枝比例，改善群体和树冠结构。改善光照主要是控制叶幕，改善群体和树冠结构，其中通过合理整形，协调两者的矛盾。

稀植时，整形主要考虑个体的发展，重视快速利用空间，树冠结构合理及其各局部势力均衡，尽量做到扩大树冠快，枝量多，先密后稀，层次分明，骨干开展，势力均衡。密植时，整形主要考虑群体发展，注意调节群体的叶幕结构，解决群体与个体的矛盾，尽量做到个体服从群体，树冠要矮，骨干要少，控制树冠，通风透光，先“促”后“控”，以结果来控制树冠。

二、调节树体各局部的均衡关系

1. 利用地上部与地下部动态平衡规律调节核桃的整体生长

核桃树地上部与地下部是相互依赖、相互制约的，二者保持动态平衡。任何一方的增强或减弱，都会影响另一方面的强弱。修剪就是有目的地调整两者均衡，以建立有利的新的平衡关系。但具体反应受到接穗和砧木生长势强弱、贮藏养分多少、剪留枝芽的多少、根的质量好坏以及环境和栽培措施等因素的制约而有变化。

对生长旺盛、花芽较少的树，修剪虽然促进局部生长，但由于剪去了一部分器官和同化养分，一般会抑制全树生长，使全树总生长量减少，这就是通常所称修剪的二重作用。但是，对花芽多的成年树，由于修剪剪去部分花芽和更新复壮等作用，反而会比不修剪的增加总生长量，促进全树生长。

修剪在利用地上地下动态平衡规律方面，还应依修剪的时期和修剪方法为转移。如在年周期中树体内贮藏养分最少的时期进行树冠修剪，则修剪愈重，叶面积损失愈大，根的饥饿愈重，新梢生长反而削弱，对整体、局部都会产生抑制反应。如核桃抽枝展叶后修剪，则会养分消耗多，又无叶片同化产物回流，致使根系严重饥饿，往往造成树势衰弱。对于生长旺盛的树，如通过合理摘心，全树总枝梢生长量和叶面积也有可能增长。

由此看来，修剪在利用地上部地下部平衡规律所产生的效应是随树势、物候期和修剪方法、部位等不同而改变，有可能局部促进，整体抑制；此处促进，彼处抑制；此时加强，彼时削弱，必须具体分析，灵活应用。

2.调节营养器官与生殖器官的均衡

生长与结果这一基本矛盾在核桃树一生中同时存在，贯穿始终。可通过修剪进行调节，使双方达到相对均衡，为高产稳产优质创造条件。调节时，首先要保证有足够数量的优质营养器官；其次要使其能产生一定数量的花果，并与营养器官的数量相适应，如花芽过多，必须疏剪花芽和疏花疏果，促进根叶生长，维持两类器官的均衡；第三要着眼于各器官各部分的相对独立性，使一部分枝梢生长，一部分枝梢结果，每年交替，相互转换，使两者达到相对均衡。

3.调节同类器官间的均衡

一株核桃树上同类器官之间也存在着矛盾，需要通过修剪加以调节，以有利于生长结果。修剪调节时要注意器官的数量、质量和类型。有的要抑强扶弱，使生长适中，有利于结果；有的要选优去劣，集中营养供应，提高器官质量。对于枝条，既要保证有一定的数量，又要搭配和调节长、中、短各类枝的比例和部位。对徒长旺枝要去除一部分，以缓和竞争，使多数枝条健壮，从而有利于生长和结果。若结果枝和花芽的数量少时，应尽量保留；雄花数量过多，选优去劣，减少消耗，集中营养，保证留下的生长良好。

三、调节树体的营养状况

(1)调整树体叶面积,改变光照条件,影响光合产量,从而改变了树体营养制造状况和营养水平。

(2)调节地上部与地下部的平衡,影响根系生长,从而影响无机营养的吸收与有机营养的分配状况。

(3)调节营养器官与生殖器官的数量、比例和类型,从而影响树体的营养积累和代谢状况。

(4)控制无效枝叶和调整花果数量,减少营养无效消耗。

(5)调节枝条角度,器官数量,输导通路,生长中心等,定向运转和分配营养物质。核桃树修剪后树体内水分、养分的变化很明显,修剪可以提高枝条含氮量及水分含量。修剪程度不同,其含量变化有所区别,但是在新梢发芽和伸长期修剪,对新梢内碳水化合物含量的影响和对含氮及含水量则相反,随修剪程度加重而有减少的趋势。

第四节 整形修剪存在的主要问题

核桃整形修剪已经提倡多年,但是还有大部分群众不修剪,造成树体紊乱,结果能力下降,结果部位外移,主枝基部光秃等严重问题,有的群众修剪不得要领,主要问题如下:

一、大枝太多,角度直立

按整形要求,确定永久型主枝和临时性辅养枝,其余的全部疏除,疏除要逐年进行,不可一次性疏除过多大枝;对主枝要通过逐年修剪开张角度,或人工变向,对临时性辅养枝要逐年利用,不断回缩,直至疏除。

二、未定干或定干过高

这类树在确定主枝后，要多留第一层主枝的外侧枝，以充分利用空间。

三、掐脖现象

常因基部主枝太多、太强、直立抱合生长，致使中央领导干变细，生长衰弱。出现掐脖后，要及时疏除多余主枝，增加主枝间的间距，开张剩余主枝角度，增强中央领导干力量。

四、主枝基部光秃，结果部位外移

造成原因是修剪过轻，因此要改变手法，增加回缩量，刺激隐芽萌发，利用隐芽萌发的枝条进行重新培养，达到墩实骨架，充实枝组的目的。

五、小老树

造成原因是多方面的，水、肥是一方面，管理是一方面，病虫危害是一方面，这类树在加强水肥管理，预防病虫危害的同时，要大量进行疏花、摘果，利用壮枝、壮芽进行适量回缩或重截。

第五节　修剪的时期和方法

一、修剪时期

长期以来，为了避免休眠期“伤流”造成树体养分和水分的大量损失，核桃树的修剪多在春季萌芽后（春剪）和采收后至落叶前（秋剪）2 个时期进行。近年来，大量的生产试验结果表明，核桃树在休眠期修剪，不仅对生长和结果没有不良影响，而且在新梢生长量、坐果率、树体主要营养水平等方面优于带叶修剪。其原因是休眠期修剪主要是水分和部分矿物质营养的损失，而采果后至落叶前还有 2～3 个月光合作用时间，此期修剪时叶片及枝条的营养尚未回流到树干和根部，从而使养分大量损失。萌芽后修剪因树体发叶抽枝，呼吸强度加大，养分消耗过甚，影响树体生长。综合考虑，最适修剪时期：秋季在树叶开始发黄到落叶前，冬季在大寒到正月十五，春季在萌芽前 20～30 天为宜。

二、修剪方法

1.冬季修剪方法

(1)短截　在核桃幼树上，常用短截发育枝的方法增加枝量。短截对象是从一级和二级侧枝上抽生的生长旺盛的发育枝，剪截长为枝长的 1/4～1/2，短截后一般可萌发 3 个左右较长的枝条(图 9－1)。通过短截，改变了剪口芽的顶端优势，剪口部位新梢生长旺盛，能促进分枝，提高成枝力。对核桃树上中等长枝或弱枝不宜短截，否则刺激下部发出细弱短枝，组织不充实，影响树势。

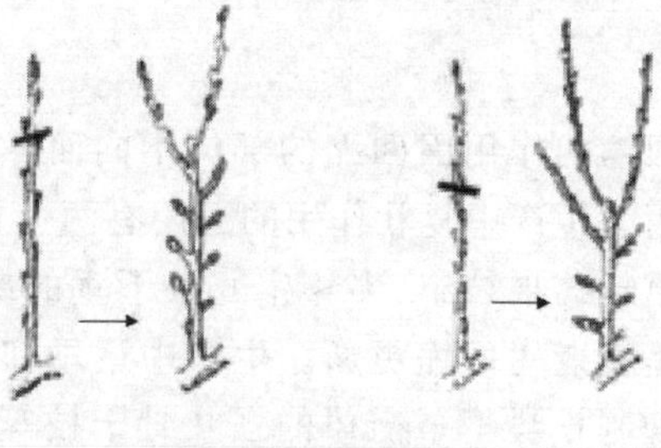

图 9－1　短截及修剪反应

(2)疏枝　疏除对象一般为雄花枝、病虫枝、干枯枝、无用的徒长枝、过密的交叉枝和重叠枝等。疏枝应紧贴枝条基部剪除，切不可留桩,以利剪口愈合(图 9—2)。

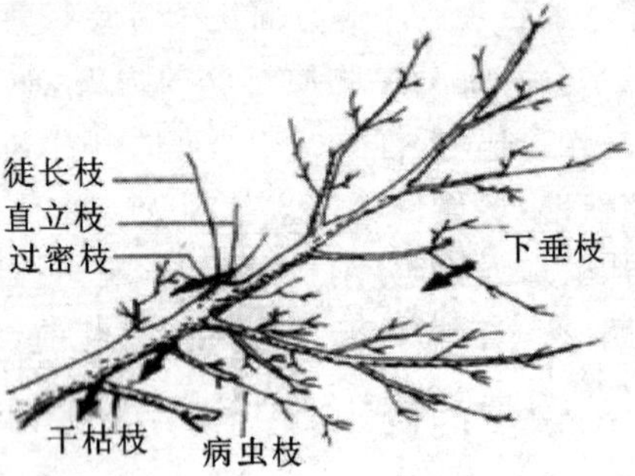

图 9—2 疏枝

(3)缓放 缓放可增加中短枝数量,有利于营养物质的积累,促进幼旺树结果。除背上直立旺枝不宜缓放外(可拉平后缓放),其余枝条缓放效果均较好(图 9—3)。

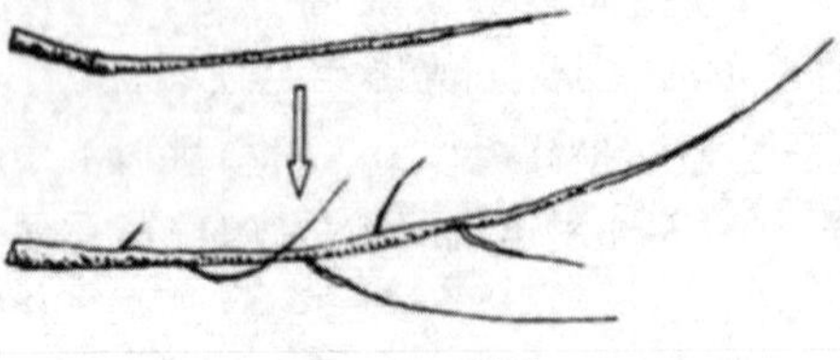

图 9—3 长放

(4)回缩 回缩的作用因回缩的部位不同而异。一是复壮作用;二是抑制作用。生产中复壮作用的运用有两个方面:一是局部复壮,例如回缩更新结果枝组,多年生冗长下垂的缓放枝等;二是全树复壮,主要是衰老树回缩更新。生产中运用抑制作用主要控制旺壮辅养枝、抑制长势不平衡树的强壮骨干枝等。回缩造成过大伤口时,对伤口下第一枝有削弱生长势的作用,旺树回缩过重易促发旺枝,生产中应掌握好回缩的部位和轻重程度。另外,在修剪时应注意:一是保护伤口,一般用油漆涂封 1～2 次;二是留保护桩,一般剪口距芽要留 2～3 厘米,防止因髓部失水影响顶芽的生长;三是保持树体生长与结果的平衡(图 9—4)。

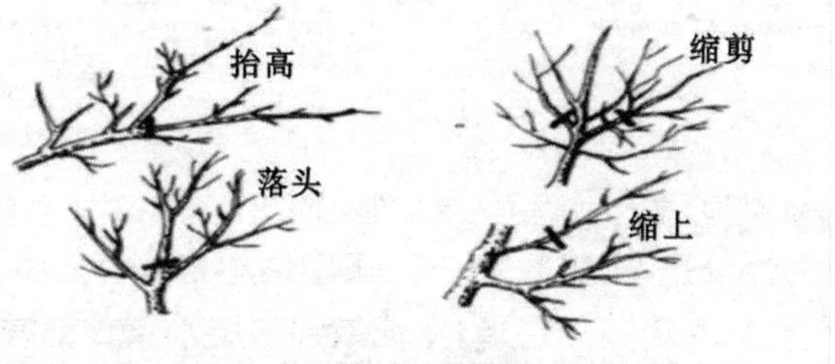

图 9—4　回缩

2.夏季修剪方法

(1)别枝、拉枝和软化　别枝和拉枝一般在 4～5 月进行。主枝拉成 60°～70°,辅养枝拉成水平。拉枝有利于降低枝条的顶端优势,提高枝条中下部的萌芽率,增加枝量及中短枝的比例,解决内膛光照及缓和树势、促进花芽形成等作用。

6～8 月份对旺长新梢进行软化,加大角度,控制生长,起到控制旺长和促发分枝的作用。

(2)摘心　摘掉新梢顶端生长点(图 9—5)。6 月初花芽分化临界期摘心,可以提高坐果率,促进果实生长和花芽分化;在新梢缓和生长期摘心,可以促进枝条组织成熟,基部芽体饱满,防止果树由于旺长造成的抽条,保证果树安全越冬;对树势旺盛的核桃树,摘心可以促使二次枝的萌发,增加分枝级次,有利于加速整形;此外,摘心还可以调节枝条生长势,对竞争枝早摘心,可以促进延长枝的生长。

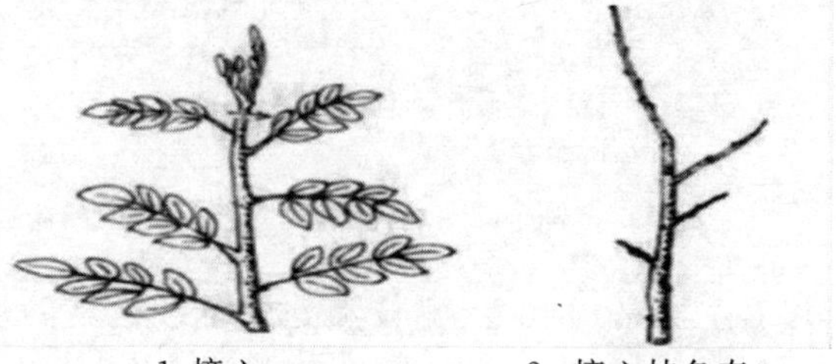

1.摘心　　2.摘心枝冬态

图 9—5　摘心

第六节　主要树形

核桃树树形应根据株行距大小、品种特性、立地条件等确定。在品种直立性较强、立地条件较好、肥水供应充足的条件下，或在稀植条件下，可采取疏散分层形；立地条件和肥水条件都较差的情况下，或树姿开张的品种如鲁光，可采取自然开心形。生产实践中，应根据品种特点、栽植密度及管理水平等确定合适的树形，但又不必过分强调树形，做到“因树修剪，随枝造形，有形不死，无形不乱”。

一、疏散分层形

有明显的中央领导干，主枝5～7个，分三层螺旋着生在中央领导干上，形成半圆形或圆锥形树冠(图9－6)。其特点是：树冠半圆形，通风透光良好，主枝和主干结合牢固，枝条多，结果部位多，负载量相对大，产量高，寿命长。但盛果期后，树冠容易郁闭，内膛易光秃，产量下降。

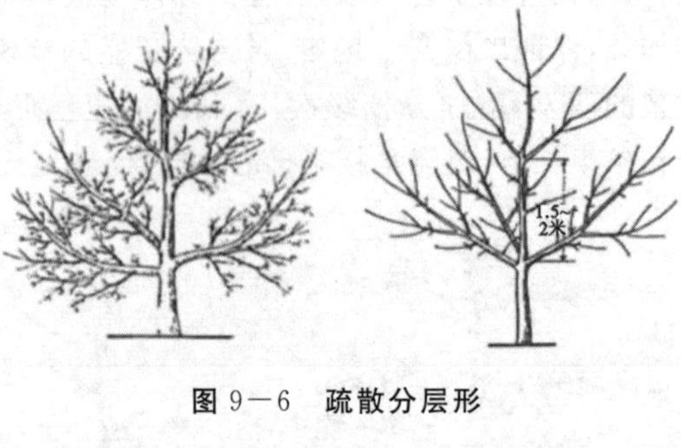

图9－6　疏散分层形

树形培养主要是选留主、侧枝和处理各级枝条的从属关系。树体结构是树形的基础，而树体结构是由主干和主、侧枝所构成，因此培养树形主要是配备好各级骨干枝或培养好树冠骨架。

1. **定干**

定干即是确定主干高度(图 9－7)。第一年栽植以后定干,定干高度除考虑土层厚度、肥力高低、品种类型和是否间作外,还应考虑省力化。早实丰产品种核桃树如西扶 2 号,辽核 1 号,香玲等,由于结果早,树体较小,干高以 0.8～1.0 米为宜;晚实核桃品种一般的定干高度为 1.2～1.5 米。省力化栽培时,干高以 1.5～2.0 米为宜。

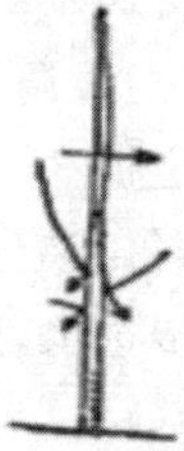

图 9－7　定干

2. **主枝培养**

2～3 年生后,在主干上选留 3 个不同方位(水平夹角约 120°)、生长健壮的枝条,培养成第一层 3 大主枝。主枝基角不小于 60°,层内两主枝间距离不小于 20 厘米,避免轮生,以防主枝长粗后对中心干形成"卡脖"现象,除中心干外其余枝条全部疏除。正南方一般不留主枝。4～5 年选留第二层主枝 2 个,层间距 1.0～1.5 米。5～6 年选留第三层主枝 0～2 个,层间距 0.8～1.0 米,并从最上枝的上方落头开心。若只留两层,层间距 1.5～2.0 米。各层主枝要上下错开,插空选留,以免相互重叠。

3. **侧枝培养**

侧枝是产生结果枝组的重要部位,要注意培养。第一层主枝上各留 2～3 个侧枝,第二层各留 1～2 个侧枝。第一侧枝距中心干 50～60 厘米,第二侧枝距第一侧枝 50～60 厘米,第三侧枝距第二侧枝 60～80 厘米。侧枝与主枝的水平夹角以 45°～50°为宜,侧枝着生位置以背斜侧为好,切忌留背后枝,防止乱头现象。

4. **各主枝生长势的调整**

修剪时要注意保持中心领导枝的绝对优势,及时控制竞争枝,适当多留辅养枝,除非竞争枝超过原头,一般不要轻易更换枝头,要保持各级骨干枝之间的从属关系。注意调节各级骨干枝的生长势，过强的应加大基角，或疏除过旺侧枝，特别是控制竞争枝。中心干较弱时，可在中心干上多留辅养枝；生长势弱的骨干枝可抬高枝头，通过调整使树体各级主、侧枝长势均衡。

定植 5～6 年后，树形结构已初步固定，但树冠层的骨架还未形成，每年应剪截各级枝的延长枝，促使分枝。7～8 年后，主、侧枝初步选出，整形工作基本完成。疏散分层形整形过程示意图(图 9－8)。

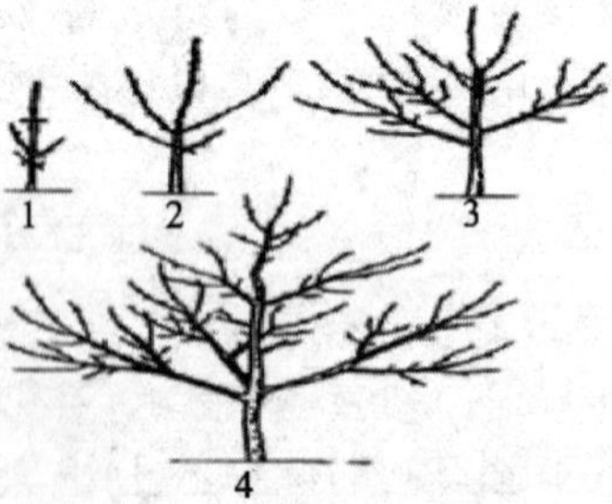

1.定干 2.第 2～3 年 3.第 3～4 年 4.第 5～6 年

图 9－8 疏散分层形整形过程

在选留和培养主、侧枝的过程中，对晚实核桃要注意促其分枝，以培养结果枝和结果枝组。早实核桃要控制和利用好二次枝，以加速结果枝组的形成和防止结果部位外移。还要注意防止非目的性枝条对树形的干扰，及时剪除骨干枝上的萌蘖及过密枝、重叠枝、细弱枝和病虫枝等。

二、自然开心形

无中央领导干，一般有 3～4 个主枝，每个主枝上着生 3 个左右的侧枝(图 9－9)。该树形具有成形快、结果早、整形简便等特点。

整形过程：

2～3 年生时，在整形带内，按不同方位选留 3～4 个枝条或已萌发的壮芽作为主枝，各主枝间距 20～40 厘米。主枝可一次选留，也可分两次选定。各主枝的长度要接近，开张角度要近似（一般为60°以上），以保持长势均衡。

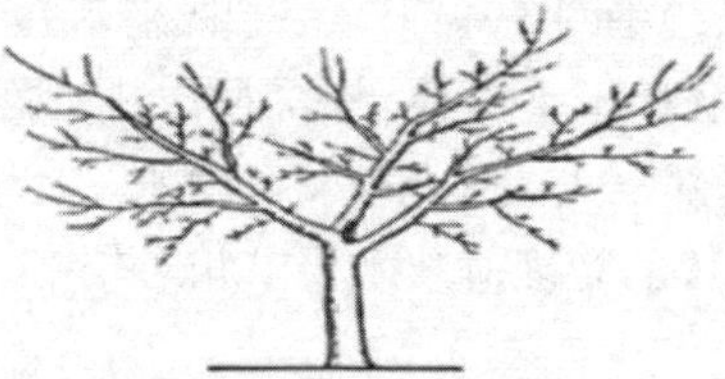

图 9－9　自然开心形

3～4年生时，各主枝选定后，开始选留一级侧枝，由于开心形树形主枝少，侧枝应适当多留，每个主枝上着生3个侧枝。各主枝上的侧枝要上下、左右错落，均匀分布。第一侧枝距主干距离可稍近些，晚实核桃60～80厘米；早实核桃40～50厘米。第二侧枝距第一侧枝50～60厘米，第三侧枝距第二侧枝60～80厘米。主、侧枝上培养结果枝组。

4～5年生时，开始在一级侧枝上选留二级侧枝1～2个，其上再培养结果枝组，第二主枝的一级侧枝数2～3个。至此，开心形的树体骨架基本形成，形成过程如图9－10所示。自然开心形要特别注意各主枝间的平衡。

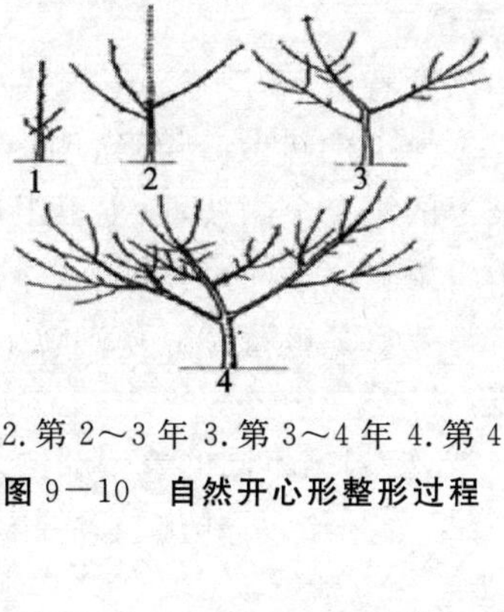

1. 定干 2. 第2～3年 3. 第3～4年 4. 第4～5年

图 9－10　自然开心形整形过程

三、自由纺锤形

主干高 60～80 厘米，基部 3 大主枝坐落在不同方位，向上每隔 20～30 厘米培育 1 个主枝，螺旋插空排列在中心干上。全树 8～10 个主枝，基部三大主枝培育 2 个侧枝，上部小主枝上直接着生结果枝组。该树形管理对技术要求相对较高。

第七节　不同龄期核桃树的修剪

核桃树修剪是在整形的基础上，通过修剪来调节枝叶量和花果量，利用芽的异质性，调整枝条生长势，选留、培养结果枝和结果枝组，并及时剪除一些无用枝，达到生长与结果相互协调的目的。

一、幼龄期树的修剪

幼树的修剪侧重整形。幼树定干后，主要是选留和培养主、侧枝，要求主、侧枝稀密适度、角度适宜、分布均匀，注意选留和培养结果枝或结果枝组，及时剪除和改造无用的枝条，使之达到均衡树势、提早结果、增加产量的目的。

1. 主、侧枝的选留

要考虑树形和品种特点，采用开心形，侧枝离主干的距离可以近些。采用有中心领导干的疏散分层形，侧枝离主干的距离应适当远些。各层主枝上的第 1 个侧枝，离主干距离一般不应小于 50 厘米。中央领导干应根据整形的需要每年短截。主枝和侧枝延长头，可每年适当截留，剪口芽可留背上芽或侧芽。

2. 利用辅养枝

对保留的辅养枝，要根据不同的着生部位、角度和延伸方向等及时进行调整，注意培养利用，可作侧枝预备枝，也可培养为结果枝，但要防止过旺生长，扰乱树形和影响骨干枝生长，调整的方法是回缩。

3.疏除和利用徒长枝

徒长枝一般要疏除。如果有足够的空间，需要利用时可先摘心，缓和长势并促生分枝后再培养利用(图 9—11)。

早实核桃由于结果早、果枝率高、花果量大、营养成分消耗过多，常常造成新枝不能形成混合芽或营养芽，以致第 2 年无法抽发新枝，而其基部的潜伏芽会萌发成徒长枝。这种徒长枝第 2 年就能抽生 5～10 个结果枝，最多可达 30 多个，这些果枝由顶部向基部生长势逐渐减弱、枝条变短，最短的几乎看不到枝条，只能看到雌花。第 3 年中下部的小枝多干枯脱落，出现光秃带，结果部位向枝顶推移，易造成枝条下垂。所以，必须采取夏季摘心或短截法，促使徒长枝的中下部果枝生长健壮，达到充分利用粗壮徒长枝培养健壮结果枝组的目的。

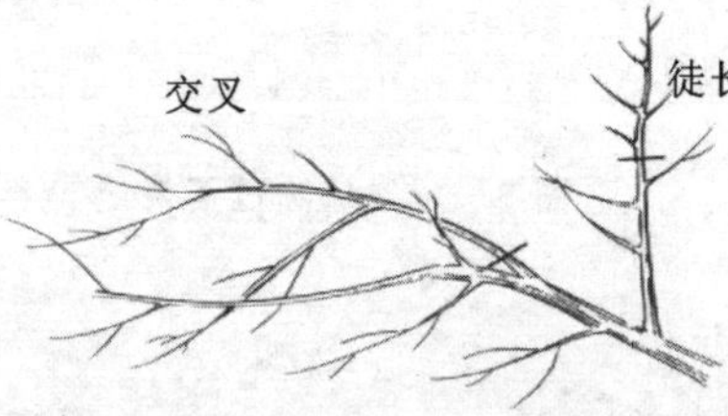

图 9—11　利用徒长枝

4.疏除过密枝

早实核桃枝量大，易造成树冠内膛枝条过密，不利于通风透光。对此，应按照去弱留强的原则，紧贴枝条基部，及时疏除过密枝条，改善通风透光条件(图 9—12)。

5.处理背下枝

核桃树的背下枝长势很强，应及时控制，以免影响延长枝的生长。对背下枝的处理，要看基枝的生长情况，不要一概疏除。凡是着生在第1层主侧枝上的背下枝，易出现倒拉现象，可在早期从基部疏除（图9－13）。在树冠中上部的主侧枝上长出的背下枝，可根据主侧枝的着生角度及大小决定去留，开张角度大的应疏除，角度小的可代替原头，扩大骨干枝的开张角度。对长势缓和且已形成花芽的，可在结果后进行适当回缩，改造成结果枝组。

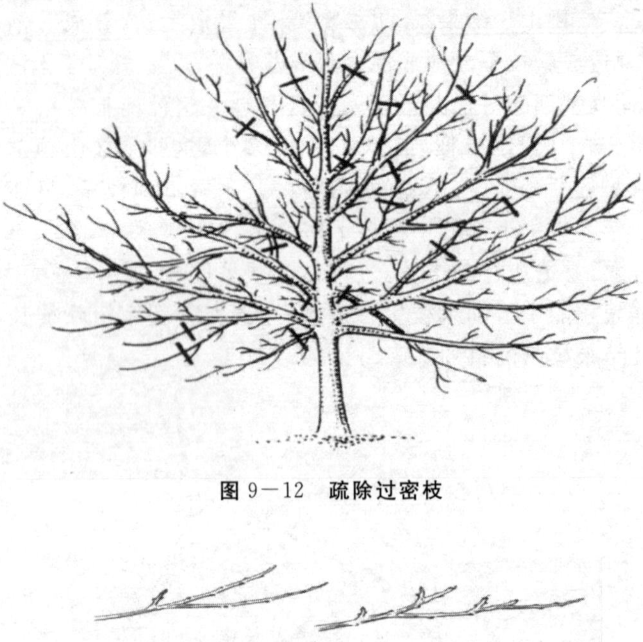

图9－12　疏除过密枝

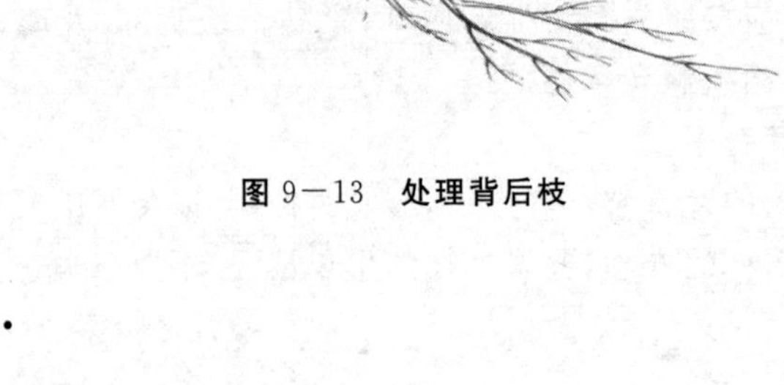

图9－13　处理背后枝

6. **控制和利用二次枝**

早实核桃具有分枝能力强、易抽生二次枝等特点。分枝能力强是早果、丰产的基础，对提高核桃的产量非常有利。但是，早实核桃的二次枝多生长不充实，冬春容易因失水而导致抽条，而且容易导致结果部位外移，使母枝后部光秃。对二次枝的控制和利用，可在枝条未木质化时，剪去过旺的二次枝；也可对同一结果枝上抽生的多个二次枝，选留一部分生长健壮的二次枝，其余疏除；对生长过旺又计划选留的二次枝进行摘心处理。如果抽生的二次枝只有 1～2 个且生长较旺，可在夏季进行中度或轻度短截，促进分枝，逐步培养成结果枝组。

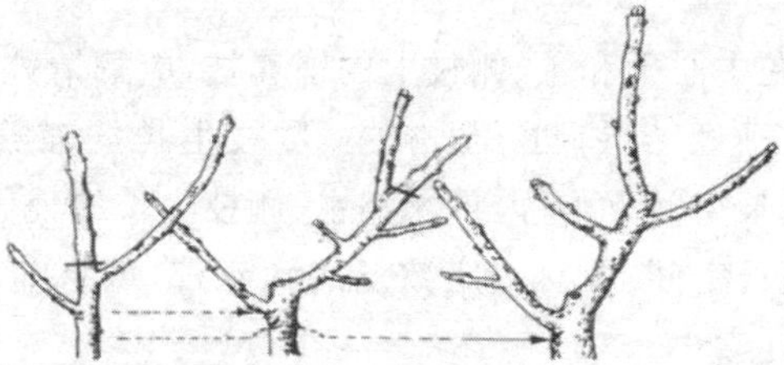

图 9－14　控制和利用二次枝

二、盛果期树的修剪

盛果期核桃树修剪的主要任务是调整营养生长与生殖生长之间的关系，改善树冠内通风透光条件，不断更新结果枝组，保持优质、高产，延长盛果年限。

结果树树体骨架基本定型，骨干延长枝不再向外延伸，修剪时应注意利用枝上芽复壮延长枝。主侧枝上多留枝叶，适当控制结果量，保持骨干枝的生长势。树冠外围枝，由于多年延伸和分枝，常密挤、交叉重叠，互相影响，内膛光照不足，应当疏除和适时回缩。

对衰弱、结果部位外移的结果枝组，进行更新复壮，回缩至生长势较强处，同时注意控制枝组内的旺枝，尤其对大型枝组要防止“树上长树”，影响树体结构和其他枝组的生长。按树冠外、中、内的顺序培养小、中、大枝组。

核桃树的背下枝长势旺，生长速度快，结果以后，枝头的背上枝转弱，背下枝很快转旺，容易形成主、侧枝头的“倒拉”现象，如长期不予处理，则易延伸成下垂枝，还可能使原枝头、背上枝干枯死，必须及时处理。处理时，一是在分枝处缩剪下垂部分，抬高枝条角度；二是下垂枝角度不大，长势中庸，已形成饱满花芽的，可以暂时保留，结果后再酌情处理；如下垂枝生长势弱，已无结果能力的，应及时疏除。

对着生在中心干和主、侧枝上的辅养枝，应酌情处理。对有生长空间，而且已经结果，也不影响主、侧枝生长的辅养枝，可以保留；对没有生长空间，而且严重影响主、侧枝生长的辅养枝，应逐步疏除；尚有生长空间，也有一定数量的辅养枝，可将辅养枝逐渐改造为结果枝。

徒长枝除因内膛过密应及时疏除外，结果期可适当选留，改造为结果枝组，或主枝预备枝，对着生在主、侧枝中部的徒长枝，如有生长空间，角度和方位适宜者，可培养为结果枝组。盛果末期，树势开始衰弱，产量下降，徒长枝更应注意选留，作为更新复壮的主要枝条。

对内膛过密、重叠、交叉、病虫枝和干枯枝，以及细弱无用枝条，应及时疏除，以减少不必要的养分消耗和改善树冠内部的通风透光条件。

总之，盛果期树的修剪应根据立地条件、树龄、树势、枝量多少而灵活掌握，不可千篇一律。各大、中、小枝的处理也必须综合考虑，有机结合，最终达到“三稀三密”，即上稀下密、外稀内密、大枝稀小枝密，延长盛果期年限。

三、衰老期树的修剪

核桃树进入衰老期，外围枝生长势明显减弱，小枝干枯严重，外围枝条下垂，产生大量“焦梢”，同时萌发出大量徒长枝，出现自然更新现象，产量显著下降。此时的修剪任务是更新骨干枝和结果枝组，延长经济寿命，保证收益。

更新的方法主要有：

1. 主干更新

主干更新也叫大更新，即将主枝全部锯掉，使其重新发枝并形成主枝。具体做法有两种：

(1)对主干过高的植株，可从主干的适当部位，将树冠全部锯掉，使锯口下的潜伏芽萌发新枝，然后从新枝中选留方向合适、生长健壮的2～4个枝，培养成主枝。

(2)对主干高度适宜的开心形植株，可从每个主枝的基部锯掉。如系主干形，可先从第一层主枝的上部锯掉树冠，再从各主枝的基部锯断，使主枝基部的潜伏芽萌芽发枝。

2. 主枝更新

主枝更新也叫中度更新，即在主枝的适当部位进行回缩，使其形成新的侧枝。具体做法是：选择健壮的主枝，保留50～100厘米长，其余部分锯掉，使其在主枝锯口附近发枝。发枝后，每个主枝上选留方位适宜的2～3个健壮的枝条，培养成一级侧枝。

3. 侧枝更新

侧枝更新也叫小更新，即将一级侧枝在适当的部位进行回缩，使其形成新的二级侧枝。其优点是新树冠形成和产量增加均较快。具体做法是：在计划保留的每个主枝上，选择2～3个位置适宜的侧枝。在每个侧枝中下部长有强旺分枝(必须是强旺枝)的前端剪截。疏除所有的病枝、枯枝、单轴延长枝和下垂枝。对明显衰弱的侧枝或大型结果枝组应进行重回缩，促其发新枝。对枯梢枝要重剪,促其从下部或基部发枝,以代替原枝头。对更新的核桃树必须加强土、肥、水和病虫害防治等综合技术管理,以防当年发不出新枝,造成更新失败。

四、放任树的修剪

对于没有修剪的结果树,特点是枝条紊乱,主从关系不明,大枝过多,内膛小枝枯死光秃,结果部位外移。整形应因树修剪,随枝作形,逐渐理顺主干、主枝、侧枝和结果枝组的关系。应首先解决大枝过多的问题,重点疏除密枝、重叠枝、交叉枝、病虫枝。对有些交叉、重叠枝采取疏除或回缩,达到培养结果枝组、通风透光和有利于萌生新枝的目的。

放任树修剪方法有:

1. 树形改造

放任树的修剪应根据具体情况随树作形。如果中心领导干明显,可改造成疏散分层形;中心领导干已很衰弱或无中心领导干的,可改造成自然开心形。

2. 大枝处理

修剪前要对树体进行全面分析。重点疏除影响光照的密集枝、重叠枝、交叉枝、并生枝和病虫危害枝,留下的大枝要分布均匀,互不影响,以利侧枝的配备。一般疏散分层形留5～7个主枝,特别是第一层要留好3个主枝。自然开心形可留3～4个主枝。为避免因一次疏除大枝过多而影响树势,可以对一部分交叉重叠的大枝先进行回缩,分年疏除,对于较旺的壮龄树也应分年疏除大枝,以免引起生长势更旺。

3. 中型枝的处理

中型枝是指着生在中心领导枝和主枝上的多年生枝。大枝疏除后从整体上改善了通风透光条件,但在局部会有许多着生不适当的枝条。为了使树冠结构紧凑合理,处理时首先要选留一定数量的侧枝，其余枝条采取疏除和回缩相结合的方法，去除过密枝、重叠枝，回缩延伸过长的下垂枝，使其抬高角度。大枝疏除过多时，可多留些中型枝。大枝疏除少时，可多疏除些中型枝。

4. **外围枝的调整**

对冗长的细弱枝、下垂枝，必须进行适度回缩，抬高角度，增强长势。对外围枝丛生密集的要适当疏除。衰老树的外围枝大部分是中短果枝和雄花枝，应适当疏除和回缩，用粗壮枝带头。

5. **结果枝组的调整**

经过大、中型枝的疏除和外围枝的调整，通风透光条件得到了改善，结果枝组有了复壮的机会，可根据树体结构、空间大小、枝组类型(大型、中型、小型)和枝组的生长势来确定结果枝组的调整，对枝组过多的树，要选留生长健壮的枝组，疏除衰弱的枝组，有空间的可适当回缩，去掉细弱枝、雄花枝和干枯枝，培养强壮结果枝组。

6. **内膛枝组的培养**

经过改造修剪的核桃树，内膛常萌发许多徒长枝，要有选择地加以培养和利用，使其成为健壮的结果枝组。

常用的培养方法有两种：

(1)先放后缩，即对选留的中庸徒长枝(长度在 80～100 厘米)第一年长放，任其自然分枝，第二年根据需要的高度，回缩到开张角度大的分枝上，2～3 年即可培养成良好的结果枝组(图 9－15)。

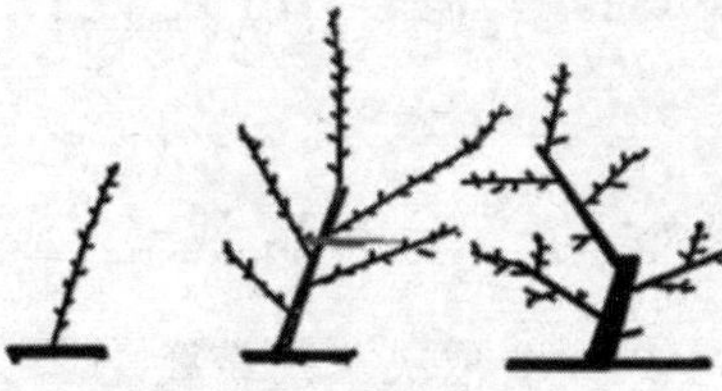

图 9－15　先放后缩

(2)先截后放,即第一年徒长枝长到60～80厘米时,采取夏季带叶短截的方法,截取1/4～1/3,或在5～7个芽处短截,促进分枝,有的当年便可萌发出二次枝,第二年除去直立旺长枝,用较弱枝当头缓放,促其成花结果(图9－16)。对于生长势很旺,长度在1.2～1.5米的徒长枝,因其极性强,难以控制,一般不宜选用。

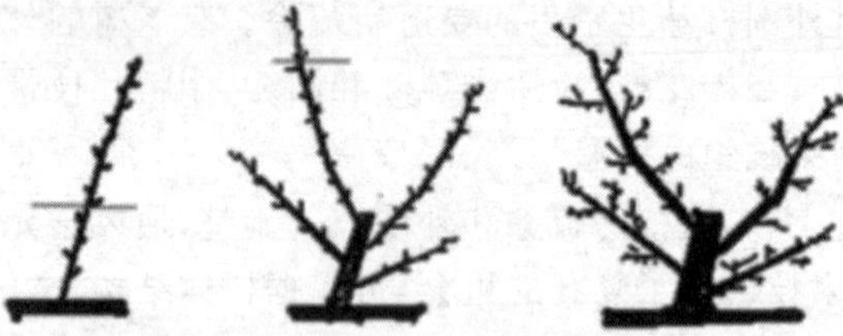

图9－16　先截后放

内膛结果枝组的配备数量,应根据具体情况而定,一般枝组间距离60～100厘米,做到大、中、小枝组相互交错排列。树龄较小、生长势较强的树,尽量少留或不留背上直立枝组。衰弱的老树,可适当多留一些背上枝组。

总之,核桃树管理是一项综合技术,整形修剪是其中的一项关键技术,只有与优良品种、土肥水管理、病虫害防治等技术措施相结合,才能获得更高的经济效益。

第八节　修剪的关键技术

一、确定适宜的产量和留枝量

核桃产量的构成,主要取决于花芽量(或有效结果母枝量)和坐果率。据有关调查显示,一般丰产年份树体内有效母枝量约占总枝量的45%～50%,低产年份约占20%～25%。因此,稳产的关键在于稳定树体内的枝类比例，修剪中应根据树体适宜的产量确定有效母枝留量。调查结果表明，在与产量有关的各因素中，树干横断面积与产量有明显的联系，并认为在干旱山区核桃合理的产量为每10平方厘米主干横断面积250克左右，合理留枝量为每10平方厘米主干横断面积上有结果母枝12～15个。

二、配置和培养结果枝组

1.结果枝组配置

枝组的配置多依骨干枝的不同位置和树冠内空间的大小来决定。一般情况下，主侧枝的先端即树冠外围，以配置小型结果枝组为主；树冠中部以配置中型结果枝组为主，并根据空间大小配置少量大型结果枝组；骨干枝的后部，即内膛应以中、大型枝组为主。在大、中型枝组之间，要以小型枝组填补空隙；骨干枝距离远，即在树冠内出现较大空间时，可用大型结果枝组填补空间。枝组间距以三级分枝互不干扰为原则，一般大型枝组同侧相距60～100厘米为宜。幼树和生长势较强的树，应不留或少留背上直立枝组，衰老树可适当多留背上直立枝组。

2.结果枝组的培养

核桃结果枝组可通过以下3种方法进行培养。一是先放后缩法。即对树冠发出的壮发育枝或中等徒长枝，可先缓放促发分枝，第二年在所需高度，于角度开放、方向适宜的分枝处回缩，第三年再去旺留壮，2～3年后即可培养成良好的结果枝组。早实核桃的连续结果能力很强，中、短果枝连续结果后形成的果枝群，可通过缩剪改造成小型结果枝组。二是先缩后截法。即对生长密集、空间有限的辅养枝，可先缩回来，后部枝适当短截，构成紧凑枝组。多年生有分枝的徒长枝和发育枝，也可先缩先端旺枝，再适当短截后部枝，构成紧凑枝组。三是先截后缩法。即对徒长枝或发育枝摘心或短截，促发分枝后再回缩，即可培养成结果枝组。

三、结果枝组的修剪

1. 枝组大小的控制

结果枝要扩大，可短截1～2个发育枝，促其分枝扩大枝组。枝组的延长枝最好是折线式延伸，以抑上促下，使下部枝生长健壮。延长枝剪口芽要向着空间大的方向发展。较大的枝组已无发展空间时，可对其进行控制。方法是回缩至后部中庸分枝上，并疏除背上直立枝，以减少枝组内的总枝量。对已形成的细长型结果枝组，要适当回缩，以形成比例合适的紧凑型枝组。

2. 生长势的平衡

结果枝组的生长势以中庸为宜。枝组生长势过旺时，可利用摘心控制旺枝，冬季疏除旺枝，并回缩至弱枝弱芽处，或去直留平改变枝组角度等，控制其生长势。若枝组衰弱，中壮枝少，弱短枝多，可去弱留强，并回缩至壮枝、壮芽或角度较小的分枝处，抬高结果枝组的角度并减少花芽量，以促其复壮。

3. 结果枝与营养枝比例的调节

结果枝组应是既能结果又有一定生长量的基本单位。对于大、中型结果枝组，需将其结果枝和营养枝调整至恰当的比例，一般为3∶1左右。生长健壮的结果枝组(尤其是早实核桃)，一般结果枝偏多，修剪时应适当疏除并短截一部分；生长势变弱的结果枝组，常形成大量的弱结果枝和雄花枝，修剪时应适当重截，疏除一部分弱枝和雄花枝，促发新枝。

4. 三叉形结果枝组的修剪

核桃多数品种一年生枝顶部，常常形成3个比较充实的混合芽或叶芽，萌发后常能形成三叉形结果枝组。这类枝如不修剪，可连续结果2～3年，由于营养消耗过多，生长势逐年衰弱，以至于死亡。对于这类枝组应及时疏剪，在枝组尚强时，可疏去中间强旺的结果母枝，留下两侧的结果母枝。随着枝组增大，应注意回缩和去弱留强，以维持良好的长势和结果状态。

5. 控制核桃二次枝的方法

二次枝多发生在早实核桃上，且以幼龄树抽生较多。由于抽枝晚、生长旺、组织不充实，在北方冬季易发生抽条。如果任其生长，虽能增加分枝，提高产量，但却容易造成结果部位外移，使结果母枝后部光秃，干扰良好的树形。其控制方法主要有：

(1)疏除　为了避免由于二次枝的旺盛生长而过早郁闭，可根据空间的利用程度进行疏除。剪除对象主要是生长过旺造成树冠出“辫子”的二次枝。一般只要在二次枝未木质化之前疏除两次，就基本可以控制。

(2)去弱留强　在一个结果枝上抽生3个以上的二次枝，可在早期选留1～2个健壮的，其余全部疏除。

(3)摘心　对选留的二次枝，如果生长过旺，为了促其木质化，控制其向外延伸，可于夏季进行摘心。

(4)短截　如果一个结果枝只抽生一个二次枝，且长势较强。为了控制其旺长，促发分枝，进而培养成结果枝组。可于春季或夏季对其进行短截，春季短截发枝粗壮，夏季短截分枝效果较好。短截强度以轻、中度为宜。

(5)结果枝组的更新　由于枝组年龄过大，着生部位光照不良，过于密挤，结果过多，着生在骨干枝背后，枝组本身下垂，着生母枝衰弱，不能分生足够的营养枝，结果能力明显降低，这种枝组需及时更新。枝组更新要从全树生长势的复壮和改善枝组的光照条件入手，并根据枝组不同情况，采取相应的修剪措施。枝组内的更新复壮，可采取回缩至强壮分枝或角度较小的分枝处，剪果枝、疏花果等技术措施。对于过度衰弱、回缩和短截仍不发枝的结果枝组，可从基部疏除。如果疏除后留有空间，可利用徒长枝培养新的结果枝组。如果疏除前附近有空间，也可先培养成新结果枝组，然后将原衰弱枝组逐年去除以新代老。

第十章 低产低效园(树)的改造

第一节　低产低效园(树)形成原因

一、品种选择不当或品种混杂,良莠不齐

建园时,品种选择随意性大,是品种就栽,是良种就植,一个园中几个品种。有的栽植实生苗,栽后差异性大,不便管理,丰产性能差。

二、间作物选择不当

不少核桃园在前期间作时选择夏粮作物小麦、高秆作物玉米或多年生深根性作物,且未留出足够的营养空间,间作物与核桃树争水、争肥、争阳光,矛盾突出,致使核桃树前期生长受阻,树势衰弱,甚者死亡。

三、施肥量不足,且配方不合理,偏施化肥

受传统观念的影响,多数果农对核桃园很少施肥,即使施肥,量也很少,多以化肥为多,加之施肥方法不当,施得迟或施得浅,满足不了核桃树体对营养的需求。有的盲目施肥,把未腐熟的农家

肥施到树下,造成树体死亡。

四、忽视整形修剪,树体枝条紊乱

目前,有的核桃园未进行整形修剪,放任生长,有的虽有修剪,但未按技术要求进行,因而树体紊乱,主从不分,枝条密集,通风不良,光照不足,产量低而不稳。

此外,栽植密度过大,也使核桃园通风透光条件差,内膛枝枯死光秃,结果部位外移,产量低,效益差。

五、早期挂果太多,营养失调

早实核桃栽后 2～3 年均可成花结果,且侧花结果率极高。有的果农对所结果实全部保留,导致树体大量养分用于结果,生长与结果比例失调,引起早衰或提早死亡。

六、病虫害严重,防治不力

据调查,新建早实核桃园内已发现有许多蛀干、蛀根、蛀果病虫,有的已成为毁灭性病虫害,若不及时防治,将会导致整株死亡。

七、早采现象严重,品质下降

由于消费习惯的改变,近年市场大量收购青果上市,加之果农习惯将早实核桃与本地核桃同期采收,尚未成熟的早实核桃果仁大多不饱满,风味欠佳。有的果农未到充分成熟期提前采打,致使产量下降,种仁不饱满,含油率降低,仁味口感不佳。

第二节　低产低效园改造技术

一、确定适宜品种

早实品种结果早、易丰产，但对环境条件和管理水平的要求较高，若管理水平跟不上，易早衰，经济寿命较短。因此，在发展核桃生产前，应了解当地的自然条件和核桃的品种特性，做到因地制宜，适地适树。渭南渭北地区适宜品种有香玲、辽核 1 号、辽核 4 号、强特勒、鲁光、清香、陕核 5 号等良种，关中地区适宜栽植香玲、鲁光、清香、西扶 1 号、辽核 1 号、辽核 4 号等良种。品种选择不宜太多，1 个县、市确定 2～3 个主栽品种，能互相授粉即可，以便形成统一规格的产品，避免不必要的损失。

此外，对现有核桃园中的实生树或不适宜发展的品种树，通过高接换优，逐步改造成良种丰产园。

二、加强土肥水管理

1. 土壤管理

(1)深翻土壤　每年秋冬季结合施基肥，对核桃园进行深翻扩盘，深度 25～30 厘米，改良土壤。并围绕树干修半径 1～1.5 米的树盘，蓄水保墒。

(2)松土除草　核桃生长季节结合施肥浇水，对核桃园进行松土除草，疏松土壤，增强土壤透气性。减缓杂草与核桃争水、争肥的矛盾及病虫危害。做到“雨后必锄、浇后必锄、有草必锄”。

(3)合理间作　核桃树幼林郁闭前进行合理间作，能促进核桃树正常生长发育，达到以短养长，长短结合，丰产优质之目的。间作物必须选择低杆、矮冠、浅根性的作物，并且要留足留够营养带。

一般在新栽核桃树行的两侧,设置宽 1.0～1.5 米的保护带,带内间种低杆作物,保证幼树成活与生长。同时,要加强以土肥水为主的综合管理,满足核桃与作物对肥水的需求。

2. **科学施肥**

核桃树建园必须做到栽植时施足底肥,栽后每年早施基肥、巧施追肥,满足核桃树生长发育对肥料的需求。施基肥宜在 9 月中旬至落叶前进行,多采用环状沟施、条状沟施和放射状沟施。基肥以腐熟的农家肥为主,配合施入生物菌肥、中微量元素肥和磷钾复合肥,一定要施得远(树冠投影以外)、施得深(地面 40～50 厘米以下),施肥量按生产 1 千克干果施 5 千克农家肥为准,初挂果树每株施农家肥 30～50 千克,混过磷酸钙 1.0～1.5 千克,结果大树每株施农家肥 50～80 千克,混过磷酸钙 2～3 千克。追肥在早春土壤解冻后至萌芽前(3 月底 4 月初)、果实膨大期(5、6 月)和脂肪迅速转化期(7 月份)进行,前期以速效性氮肥为主,后期以磷钾肥为主。采用环状穴施,施肥后浇水或雨前追施,有利于肥料的溶解、下渗。此外,在核桃树展叶后可以结合病虫害的防治,在生长前期喷0.3%～0.5%的尿素液,生长后期喷 0.3%的磷酸二氢钾溶液,促进核桃树生长结果。

3. **适时浇水**

结合施肥对核桃园进行浇水。掌握好几个关键时期:一是萌芽前;二是 5、6 月份果实膨大期、花芽分化前;三是采果后结合施基肥(9 月中旬至落叶前);四是土壤封冻前浇封冻水。每次浇水的前提是在气候干旱、土壤墒情差的情况下进行。

三、重视整形修剪

核桃树属喜光树种,必须进行必要的修剪,才能满足其对光照的需求。核桃树不同于其他果树,在休眠期间有伤流,长期以来,其修剪时期多在秋季果实采收后至落叶前或春季萌芽后。近年,

各地进行了许多冬剪试验,没有发现有不良影响,但修剪最好能避过伤流高峰期。其修剪要点:

1.适时修剪

秋季采果后,在核桃树叶发黄到落叶前进行修剪,此时,核桃伤流较少或没有伤流,并且核桃树叶片和枝梢上的营养物质充分回流到树体和根部,修剪不会造成营养损失。也可在大寒到正月十五之间或萌芽前20天左右修剪。

2.培养好树形

目前,生产中常用树形有主干疏层形和自然开心形,主干疏层形有明显的中央领导干,中心干上分布主枝2～3层,第一层与第二层层间距1.0～1.5米,第二层与第三层层间距0.8～1.0米,适于立地条件好和干性强的稀植园。自然开心形没有明显的中心领导干,一般有3～4个主枝,各主枝之间的垂直距离为20～40厘米,适于立地条件较差和树姿开张的早实品种。

3.做好不同龄级核桃树的修剪

早实核桃幼树修剪时首先确定树形,以轻剪、长放、多留枝为主,同时注意疏除干枯枝、病虫枝、交叉枝、密生枝和细弱枝;初挂果树修剪时要注意控制二次枝、利用徒长枝、疏除过密枝、处理背下枝,做到整形和结果两不误;盛果期树着重改善树冠内通风透光条件,更新结果枝组,做到内膛不空、外围不挤、通风透光。

四、花期疏雄,节省养分和水分

核桃树雄花和雌花发育过程中,需要消耗大量树体内贮藏的营养和水分,疏除过多的雄花可以减少树体内养分和水分的消耗,使更多的营养和水分供给雌花发育和开花坐果,从而提高产量和品质,同时有利于新梢生长和增强树势。疏除雄花以早为宜,一般在雄花萌动以前效果最好,疏除全树雄花的90%～95%,保留上部5%～10%即可满足授粉。

此外,合理负载,既保证一定的产量,又防止树体早衰,延长盛果期年限。盛果期树果叶比 1∶3～5。

五、加强病虫害防治

近年,渭南核桃病虫害主要有黑斑病、腐烂病、举肢蛾、小吉丁虫、豹纹蠹蛾、金龟子、天牛等。这些病虫,对核桃树的生长、结果都有不同程度的影响。有些病虫能使局部地区的核桃树严重减产乃至绝收,有的能使核桃树树势减弱,甚至整株死亡,如黑斑病、举肢蛾、小吉丁虫等。因此,及时防治核桃病虫害,保证树体健壮,是夺取核桃树丰收的关键。

防治核桃病虫害,要坚持"预防为主,综合防治"的方针,要有"防大于治""防重于治"的思想观念,实行无公害防治,坚持全年管理,采取人工防治与药剂防治、生物防治等相结合的办法,以减轻和避免病虫危害,确保核桃树树势健壮,果实丰收。

六、适时采收

核桃果实的适时采收,对保证核桃的优质高产是一个非常重要的环节。核桃与其他果树、农作物一样,必须达到充分成熟后才能够采收。果实即将成熟前的 20 天,是坚果重、出仁率、含油率及其它主要营养成分增长的高峰期。若提前采收,种仁不饱满,含油率低,味涩,商品率不高,常造成"丰产不丰收"。成熟的标志是果实青皮由深绿色变为黄绿色或浅黄色,约 20%～30%的青果果实顶部开裂,少数果实落地为宜。

核桃的成熟期因立地条件、品种类型和气候条件有差别。因此,在采收核桃时要因地、因气候、因品种而定,做到成熟一片采收一片,严禁采青,严禁不管成熟与否同时采收,确保核桃增产增收。

第十一章
病虫害防治

在病虫害的防治上，应全面贯彻“预防为主，综合防治”的方针。要以改善园地生态环境，加强综合管理为基础，提高树体抗病虫能力；优先应用农业和生态调控措施，注意保护利用天敌，充分发挥自然控制作用；多采用农业技术措施和人工、物理方法防治，相互配合，取长补短；选用高效、低毒、低残留化学农药，并注意交替使用，严禁使用高毒高残留农药。

近年来，核桃生产已逐步走向优质丰产经营阶段，防治、控制病虫害的发生尤为重要。因此，在实际工作中，应根据具体情况来制定和实施防治措施。

第一节 病虫害防治原则

一、充分利用农业措施和人工手段

(1)加强核桃园土肥水管理，增强树体抵抗力。翻树盘或深耕土壤，提高土壤通透性，促进水分和营养的吸收，破坏害虫越冬场所。

(2)通过整形修剪达到防治病虫害的目的。及时剪除病虫枝、病虫果，内膛过密枝、纤弱枝。通过修剪调整合理的树体结构，改善树体通风透光条件，起到消灭病虫害的目的。

(3)及时捡拾落地虫果，扫除落叶，集中烧毁，消灭越冬害虫和病菌，减少翌年虫口基数和感病率。

二、合理利用化学农药

利用低毒化学农药，大力推广使用无公害农药。采用合理混用农药和农药的交替使用，增强防治效果，减少农药使用次数。目前适用于核桃树上的无公害农药主要有阿维菌素、吡虫啉、多氧霉素等。

三、利用树干注药等无公害防治技术

树干注药技术作为一种非常理想的环境相容性无公害施药技术，在害虫种群的有效控制和保护天敌等方面发挥着重要作用，尤其对于采用常规施药技术难以防治的钻蛀性害虫天牛、小蠹、吉丁虫等重要林木害虫具有重要的防治意义。其对危害核桃的叶、树干、果实的病虫害，如叶甲、天牛、蚜虫、举肢蛾、炭疽病、黑斑病等均具有较好的防效。尤其适合栽培较为分散、树体高大，一般施药技术药剂难以到达防治部位的核桃树。

四、大力推广生物防治控制病虫

保护和利用天敌，在天敌生长期应严格控制用药种类，不用或少用药，以免杀伤天敌。此外，招引益鸟入林，利用天敌防治有害生物。

第二节　病虫害防治的基本方法

核桃病虫害防治基本方法有植物检疫、农业防治、物理防治、生物防治和化学防治。通过综合防治，可降低病虫基数，减少农药对天敌的杀伤，控制农药指标超标。既可有效防治病虫害，又能生

产出优质核桃产品。

一、植物检疫

植物检疫是由国家或地方政府有关机构颁布条例或法令，对核桃苗木、接穗、种子等繁殖材料及果品进行管理和控制，防止危险性病、虫、草的传播、蔓延。主要任务：

(1)禁止危险病、虫、杂草随同植物及其产品由国外输入。

(2)按照输入国的要求，禁止危险病、虫、杂草随同植物及其产品由国内输出。

(3)把发生在国内局部地区的危险病、虫、杂草封锁在一定范围内，禁止随同植物及其产品传播蔓延，以便及时彻底消灭于感染发源地。

我国核桃重要检疫对象有核桃横沟象、大袋蛾、核桃炭疽病等病虫害，从外地引进苗木、接穗、种子及果品时必须进行检疫，发现有检疫对象时，立即采取处理措施，不得从疫区调运苗木、接穗和种子，一经发现立即销毁。

二、农业防治

1. 加强栽培管理

栽植无病虫苗木、抗病虫品种；加强栽培管理，增施有机肥，改良土壤，合理修剪、合理施肥和排灌，使树体健壮，增强树势；秋末树干涂白，提高核桃自身抗病虫能力。

2. 实施翻土、修剪、清园等措施，减少病虫源

结合施基肥，耕翻树盘土壤，破坏害虫及病菌生存场所，消灭越冬害虫和病原菌。合理整形修剪，改善树体通风透光条件，提高抗病力。同时剪除病枝、枯枝，清除园内杂草、落叶，集中烧毁，消除病源。

3.合理间作,改善园内生态条件

核桃幼园间作低秆作物,为有益生物提供隐藏场所,并为其提供食物来源,改善园地生态环境,吸引害虫天敌,减轻害虫危害。

三、物理防治

1.诱杀

利用害虫的趋性,人为设置其所好,诱集害虫加以消灭。如利用黑光灯诱杀木橑尺蠖、黄刺蛾、褐边绿刺蛾、桃蛀螟、金龟子等趋光性害虫成虫;糖醋液诱杀金龟子成虫。

2.捕杀

利用人力或简单机械,捕杀有群聚性或假死性的害虫。如利用竹竿敲打枝条震落木橑尺蠖幼虫;人工砸云斑天牛卵槽,挖出刚入树干的幼虫,捕捉成虫;金龟子成虫于傍晚人工震落捕杀;剪除或击破刺蛾虫茧;生长季剪除豹蠹蛾危害的虫梢,带出园外烧毁,消灭幼虫;摘除群集危害时的刺蛾初孵幼虫、核桃缀叶螟虫叶,烧毁或将幼虫踩死;摘捡落果或变黑果,集中烧毁,消灭核桃举肢蛾幼虫;秋、冬季在树干上绑草把,诱集核桃瘤蛾幼虫化蛹,早春在害虫羽化以前解下草把沤肥或焚烧。

3.阻隔

根据害虫的活动习性,人为设置障碍,防止幼虫或某些不善飞行的成虫扩散、迁移。如在草履蚧发生严重的地区,早春在树干基部涂黏虫胶环,或绑塑料裙,用以阻杀上树若虫。

4.手术法防治病害

如刮除腐烂病病斑。

四、生物防治

1.保护和利用天敌,以虫治虫

核桃园控制使用杀虫谱广的农药,减少果园喷药次数及农药用量，以保护天敌。利用天敌昆虫消灭害虫为以虫治虫。天敌昆虫分捕食性天敌和寄生性天敌，它们通过直接捕食害虫或寄生于害虫身体上消灭害虫。常用的捕食性天敌有瓢虫、草蛉、胡蜂、蚂蚁、食蚜蝇、捕食螨等，寄生性天敌主要包括寄生蜂和寄生蝇。

2. 以菌治虫、治病

以菌治虫是利用害虫的病原微生物(细菌、真菌、病毒)防治害虫。常见的杀虫细菌有苏云金杆菌、芽孢杆菌等；杀虫真菌有白僵菌、绿僵菌等；杀虫病毒有桑毛虫核多角体病毒、棉铃虫核多角体病毒、斜纹夜蛾核多角体病毒、刺蛾病毒等。以菌治病主要是应用各种菌类的代谢产物即抗生素防治，如春雷霉素、多抗霉素(多氧霉素)、农抗 120、链霉素等。

3. 利用昆虫激素防治害虫

昆虫激素分为外激素和内激素，用于防治害虫的外激素主要是用性引诱剂诱杀害虫雄虫，如桃小食心虫性引诱剂、枣黏虫性引诱剂、苹果蠹蛾性引诱剂等；用于防治害虫的内激素主要是特异性害虫生长抑制剂，如卡死特、灭幼脲(1 号、2 号、3 号)、扑虱灵、定虫隆(抑太保)等。

4. 其他有益动物的利用

如招引食虫益鸟、园内养鸡，取食害虫的幼虫和成虫。

5. 利用植物源农药

如藜芦碱溶液、苦参素、苦楝素、烟碱、双素碱、鱼藤酮、除虫菊素等。

五、化学防治

1. 化学防治遵循的原则

为生产出符合要求的无公害核桃果品，保护生态环境，在核桃生产过程中，病虫害防治应以农业防治为主，辅之以物理防治、生物防治等多种措施和途径，尽可能少用或不用化学药剂；若必须使用化学药剂时，应使用高效、低毒、低残留的化学农药，并注意交替用药，改进施药技术，最大限度地降低农药用量，严禁使用高毒、高残留农药和致癌、致畸、致突变“三致”农药，以减少污染和残留，保证果品质量符合国家标准。核桃生产使用农药时，应遵循以下原则：

(1)加强病虫预测预报，及时掌握病虫害的发生动态，掌握防治指标，适时用药。

(2)萌芽前喷5波美度石硫合剂。

(3)根据防治对象、农药性能以及抗药性程度不同而选择最合适的农药品种，严格掌握防治适期，选用合理的施药机械和施药方法，尽量降低农药使用次数和用药量。

(4)优先使用中等毒性以下的植物源、微生物源和昆虫生长调节剂，有限量合理使用矿物源农药(S、Cu制剂)。

(5)严禁使用高毒高残留农药防治贮藏期病害虫。

(6)严格执行国家有关规定，严禁使用剧毒、高毒、高残留或具有“三致”毒性的农药。

2. 合理科学使用农药

科学合理地使用农药，能有效控制病虫害的发生和流行，减少病虫害对农药的抗药性，保护生态环境，生产出无污染、低残留的安全绿色果品。要使农药充分发挥药效，必须根据农药防治病虫害的机制，采用科学施药技术，尽量少用农药，才能收到好的防治效果。

(1)选准药剂，对症用药　生产实践中，只有全面了解农药性能特点和具体防治对象的发生规律，才能选择安全、有效、经济的药剂，做到对症下药。如杀虫剂中胃毒剂对咀嚼式口器害虫有效，内吸剂一般只对刺吸式口器害虫有效，触杀剂对各种口器害虫均有效，而熏蒸剂只能在保护地密闭后使用，露地使用效果不好。防治真菌病害的杀菌剂对真菌病害防治效果好，对细菌病害效果不好。

同时还要注意选用合适的药剂剂型。同种农药的不同剂型，其防治效果也有差别。通常乳油最好，可湿性粉剂次之，粉剂最差。保护地内使用粉尘剂或烟剂效果较好。

(2)严格掌握用药剂量　各种农药对防治对象所用的药量都是经过科研实验而制定的,生产中要严格按照说明书提供的用量使用,不要随意增减。增大用药量,不但浪费农药,而且容易产生药害,增加核桃果品中农药残留量,污染环境,影响消费者的身体健康。减少用药量,则达不到预期的效果,不但浪费农药,而且误工误时误事。初用药时,按照说明书上药量的下限用药,随着用药年限的增加,其用药量可向药剂量的上限逐渐增加。

(3)交替轮换用药　使用农药时,不要长期使用单一品种的药剂,几种药要交替轮换使用,以切断生物群中抗性种群的形成过程。长期使用单一品种的药剂,病虫害容易产生抗性群体,造成果园中病虫害的发生与用药量的恶性循环,最终增加核桃果实中的农药残留量。轮换用药时,要选用作用机制不同的药剂。如生物制剂、拟除虫菊酯制剂、有机氮制剂和氨基甲酸酯制剂,可以轮换使用。内吸杀菌剂宜与代森类、无机硫制剂和铜制剂轮换使用。

(4)准确掌握农药使用方法,保证施药质量　采用正确的使用农药方法,不仅可以充分发挥农药的防治效果,而且能避免作物药害和农药残留,减少杀伤有益生物。农药种类和剂型不同,使用方法也不同。如可湿性粉剂不能用于喷粉,粉尘剂不可用于喷雾,胃毒剂不能用于涂抹,内吸剂一般不宜制毒饵。施药要保证质量,喷雾做到细致均匀;使用烟剂必须保持棚室密闭;施用粉尘一定要避开阳光较强的中午。

(5)保证用药安全间隔期　使用农药时,要注意严格按照国家制定的安全间隔期标准使用。核桃近熟时喷药,要经过农药的安全间隔期后才能采收上市,以保证生产出的核桃达到无污染、低残留的绿色果品标准。一般农药安全间隔期为7～15天。

(6)适时用药　选择合适时间施用农药,是控制病虫草害、保护有益生物、防止药害和避免农药残留的有效途径。首先要掌握所要防治的病虫草害的发生规律，掌握田间实际发生动态，达到防治指标时才可用药，不要简单强调“治早、治小”，也不应错过有利时机。另外，各种有害生物防治适期不同，使用不同药剂防治某种病虫草害的防治适期也不一样。其次应根据天气情况，科学、正确施用农药。施用农药一般应在无风或微风天气进行，同时注意气温变化。气温低时，多数有机磷农药效果较差；温度太高，容易出现药害。多数药剂应避免中午施用。刮风下雨会使药剂流失，降低药效，因此最好使用内吸剂，其次使用乳剂。

第三节 主要害虫

一、根部害虫

核桃苗木繁育及生长过程中，常见的根部害虫有蛴螬和横沟象等地下害虫，应及时防治，确保苗木健康生长。

1.蛴螬(金龟子幼虫)

属鞘翅目、金龟甲科

(1)利用金龟子不耐水淹的特点，在苗圃地适时灌水，消灭初龄幼虫，同时及时清除杂草。

(2)药剂防治。一是播种整地前，每亩用2.5%辛硫磷颗粒剂250～500克，拌细土5～8千克混匀，均匀撒施后翻耕于土壤中。二是在6～7月份成虫盛发期，喷洒1.8%阿维菌素乳油2 000～3 000倍液，10%吡虫啉乳油2 000倍液，杀灭成虫。

2.核桃横沟象(*Dyscerus juglans*)

又名根象甲，属鞘翅目、象甲科

(1)分布及危害　核桃根象甲分布于河南西部、陕西、四川、云南等核桃产区。以幼虫在核桃根部为害皮层，阻碍养分水分的吸收输导，致使树势生长衰弱，甚至整株枯死。该虫在坡底、沟洼及村旁土质肥沃以及生长旺盛的核桃树上危害较重。成虫危害果实、嫩枝、幼芽和叶片。

(2)形态特征　成虫体长12～17毫米(不算头管)，全身黑色，头部延长至管状，约为体长的三分之一，触角生于头管前端，膝状，端部几节呈圆球状，复眼黑色。胸部背板密布不规则点刻，鞘翅上的点刻排列整齐，鞘翅近中部和端部有数块棕褐色绒毛斑。卵椭圆形，长1.4～2毫米，初产卵黄白色，后变为黄色至米黄褐色。幼虫体长14～20毫米，黄白色，头部棕褐色，肥胖，弯曲，多皱褶。蛹长14～17毫米，黄白色，末端有2根褐色臀刺。

(3)生活习性　2年发生1代，跨3个年头，以幼虫在根皮部或以成虫在向阳杂草或表土层内越冬。幼虫经两个冬天后，第三年5月中旬开始化蛹，可一直延续到8月上旬，化蛹盛期在6月中旬，蛹期11～24天，6月中旬成虫开始羽化，7月中旬为羽化盛期。成虫羽化后在蛹室内停留10～15天，然后咬破皮层，再停2～3天后从羽化孔爬出，上树取食叶片、嫩枝。成虫爬行较快，飞翔力差，有假死性。8月上旬开始交配产卵，8月中旬为产卵盛期，产卵后成虫逐渐死亡。卵多产于根颈裂缝处和嫩根皮层中，产卵时雌成虫先用头管咬成1～1.5毫米直径大小的圆洞，然后产卵于内，再转身将卵送入洞内深处，最后用碎木屑覆盖洞口，每处产卵1粒，少数2粒以上，1头雌虫最多产卵111粒，平均60粒。卵期11～34天，平均22天，当年产的卵8月下旬开始孵化，10月下旬卵孵化结束，幼虫孵化后蛀入皮层，90%的幼虫集中在表土下5～20厘米深的根部危害皮层。幼虫钻蛀的虫道弯曲交错，充满黑褐色粪便和木屑，危害至11月进入越冬状态。

(4)防治方法

①阻止产卵　在成虫产卵前，挖开树干基部，用石灰、麦草和土合成石灰泥涂抹根颈部，可阻隔成虫产卵。

②挖土晾根　冬季开挖颈部土壤，刮去根颈粗皮，降低根部温湿度，造成不利幼虫越冬环境。

③灌尿毒杀　冬季大寒时，在根部灌入人尿杀死幼虫。

④药剂防治　在幼虫开始活动时，挖开树干基部土壤，撬开根部老皮，灌入 80％敌敌畏乳剂 100 倍液，杀死幼虫。6～7 月成虫发生期，根颈和树冠喷施 50％辛硫磷乳剂 1 000 倍液或 50％杀螟松乳剂 1 000 倍液。

⑤注意保护天敌　寄生蝇、小黄蚂蚁、伯劳鸟等天敌要保护利用。

二、叶部害虫

叶甲、刺蛾和金龟子等害虫对核桃叶部危害较为严重。主要防治措施：①及时清园。休眠期清除园内枯枝落叶，剪除枝条上越冬害虫，刮除树干基部老翘皮，集中烧毁。②灯光诱杀。黑光灯对多种叶部害虫具有较好的引诱效果，成虫出现时，利用黑光灯诱杀成虫。③药剂防治。5～8 月份害虫发生期，交替喷施 1.8％阿维菌素乳油 3 000～4 000 倍液，10％吡虫啉乳油 2 500 倍液，5％溴氰菊酯乳油 2 000 倍液进行防治。④树干注药防治。利用吡虫啉、氧化乐果等药剂，于害虫发生期进行树干注药防治。

1. 铜绿丽金龟子 (*Anomala corpulenta* Motsch)

铜绿丽金龟子又称铜绿金龟、青铜金龟、硬壳虫，其幼虫称蛴螬，属鞘翅目、金龟甲科（图 11－1）。

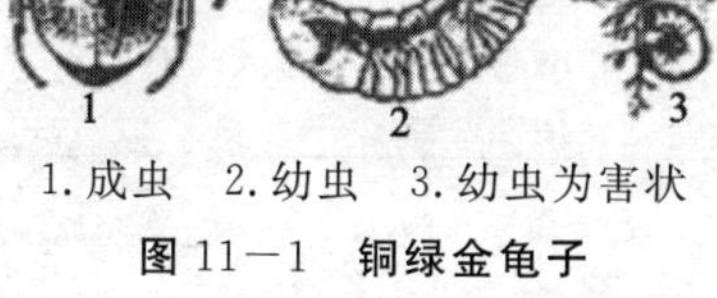

1. 成虫　2. 幼虫　3. 幼虫为害状

图 11－1　铜绿金龟子

(1)分布及危害　在我国吉林、辽宁、河北、河南、山东、山西、陕西、湖南、湖北、江西、安徽、江苏、浙江等省均有分布。成虫取食核桃、苹果、枫杨、柳、杨、榆、栎等多种植物的叶片、嫩枝、嫩芽和花等，将叶吃成缺刻，有时全部吃光，只剩下主脉。幼虫危害根系。

(2)形态特征　成虫体长约19毫米，宽9～10毫米，椭圆形，身体背面为铜绿色，有金属光泽。额及前胸背板两侧边缘黄色，触角鳃叶状，浅黄褐色，鞘翅上有不明显3条隆线，虫体的腹面为黄褐色。卵椭圆形，长约2毫米，初为乳白色，后渐变为淡黄色，表面光滑。老熟幼虫体长约40毫米，头部黄褐色，胸、腹部乳白色，体向腹部弯曲。蛹为裸蛹，初期白色，后逐渐变为淡褐色。

(3)生活习性　1年发生1代，多以3龄幼虫在土中越冬。翌年4月下旬地温14℃左右时，幼虫上升到地表，取食根系。5月老熟，在土室内化蛹，6～7月成虫出土危害。成虫多在晚间活动，取食叶片，嫩枝。成虫有趋光性和假死性。成虫白天栖息在疏松、潮湿的土壤里，深度7厘米左右。6月中旬成虫开始产卵，多产在树下土壤内，卵期10天左右，7月上旬出现第一代幼虫(蛴螬)，取食植物根部，10月上中旬幼虫开始向土壤深处转移，越冬。

(4)防治方法

①人工防治　成虫发生期，利用其假死性，于傍晚敲树震虫，树下铺塑料袋接虫，集中烧毁。可用太阳能杀虫灯或黑光灯诱杀成虫。

②糖、醋液诱杀成虫　按照糖∶醋∶水比例1∶6∶3制成糖醋液，装入罐头瓶内，挂在核桃园诱杀成虫。

③药剂防治　成虫严重发生时，70%辛硫磷乳剂1 500倍液或90%敌百虫1 000倍液喷杀成虫。

④保护利用天敌　益鸟、刺猬、青蛙、寄生蝇等。

2. 黄刺蛾(*Cnidocampa flavescens* Walker)

黄刺蛾俗名洋辣子、八角丁等，属鳞翅目、刺蛾科(图11—2)。

(1)分布及危害　全国各地均有分布,以幼虫取食叶片。初龄幼虫取食叶片的下表皮和叶肉,留表皮层和叶脉,使叶片呈半透明网状。3龄后幼虫食量增大,把叶片吃成多孔洞、缺刻或将叶吃光。

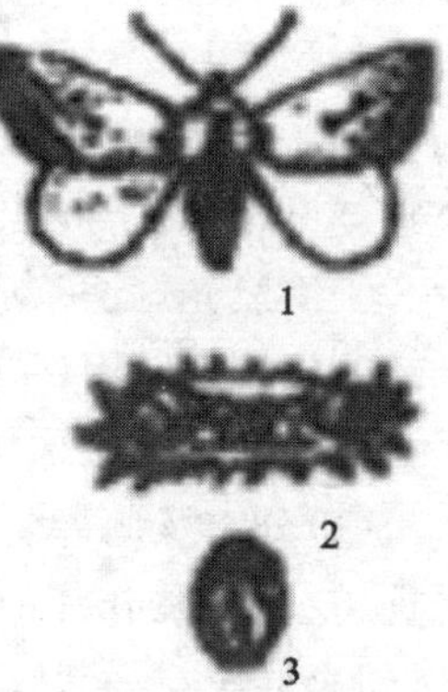

1.成虫 2.幼虫 3.茧
图11－2　黄刺蛾

(2)形态特征　成虫13～16毫米,翅展30～34毫米,头和胸部黄色,腹部背面黄褐色,前翅内半部黄色,外半部褐色,有两条暗褐色斜线,在翅尖上汇合于一点,呈倒"V"形,内面一条伸到中室下角,为黄色与褐色的分界线。卵扁平,椭圆形,黄绿色,长1.4～1.5毫米。老熟幼虫体长19～25毫米,头小,黄褐色,胸、腹部肥大,黄绿色。身体背面有一前后宽,中间细的紫褐色哑铃形大斑和许多枝刺。蛹椭圆形,肥大,淡黄褐色。茧灰质白色、坚硬,表面光滑,茧壳上有几道长短不一的褐色纵纹,形似雀蛋。

(3)生活习性　黄刺蛾1年发生1～2代。以老熟幼虫在小枝分叉处,主、侧枝及树干的粗皮上结茧越冬。1年1代区,5月中旬开始化蛹,蛹期约15天,成虫于翌年6月中旬至7月中旬出现,产卵于叶背,数十粒连成一片。卵期7～10天,幼虫6月下旬至8月危害。8月中、下旬老熟幼虫结茧越冬。2代区多于5月上旬开始化蛹,成虫5月底至6月上旬开始羽化,第2代幼虫危害盛期在8月上、中旬,9月初幼虫老熟,结茧越冬。

(4)防治方法

①人工防治　冬春季结合树体管理摘除过冬茧,集中杀死。3龄前幼虫群集危害期,寻找叶片透明斑和幼虫,摘虫叶集中杀死。

②利用天敌,采茧保护　黄刺蛾茧的上端有一寄生蜂为上海黄蜂,产卵时留下的小孔,容易识别。挑出寄生蜂的黄刺蛾茧放回

田园，让天敌羽化后飞回自然界。对于没有寄生蜂的越冬黄刺蛾茧应砸碎。

③药剂防治　在幼虫发生期用青虫菌(每克含孢子100亿以上)1 000倍液或80%敌敌畏1 000倍液喷药防治。

④用黑光灯诱杀成虫。

3. 核桃扁叶甲(*Gastrolina depressa* Baly)

核桃扁叶甲又称核桃叶甲、金花虫，属鞘翅目、叶甲科。

(1)分布及危害　全国各地均有分布，是一种发生普遍、危害严重、专食核桃叶片的害虫，树叶被食光的现象经常出现。以成虫、幼虫群聚在一起咬食叶片成缺刻或网状，严重时把叶片吃光，残留主脉，似火烧状，造成树势减弱或枯死。

(2)形态特征　成虫体长5～7毫米，体型长方，背面扁平。前胸背板淡棕黄，头鞘翅蓝黑，触角、足全部黑色。腹部暗棕，外侧缘和端缘棕黄，头小，中央凹陷，刻点粗密，触角短，端部粗，节长约与端宽相等，前胸背板宽约为中长的2.5倍，基部显较鞘翅为狭，侧缘基部直，中部之前略弧弯，盘区两侧高峰点粗密，中部明显细弱。鞘翅每侧有3条纵肋，各足跗节于爪节基部腹面呈齿状突出。卵长1.5～2.0毫米。长椭圆形，橙黄色，顶端稍尖。老熟幼虫体长8～10毫米。污白色，头和足黑色。胴部具暗斑和瘤起。蛹体长6～7.6毫米，浅黑色，体有瘤起。

(3)生活习性　1年发生1代，以成虫在枯枝落叶层或树皮缝内越冬。翌年4月下旬越冬成虫开始活动，5月上旬成虫开始在叶背面产卵，幼虫孵化后群集叶背取食，使被害叶片只残留叶脉。6月上旬老熟幼虫化蛹，6月中旬为新1代成虫羽化盛期，10月中旬成虫开始越冬。成虫不善飞翔，有假死性，无趋光性。

(4)防治方法

①冬春季刮除树干基部老翘树皮烧毁，消灭越冬成虫。

②灯光诱杀　4～5月成虫发生期，利用太阳能杀虫灯或黑光

灯诱杀成虫。

③人工防治　利用产卵、幼虫期的群集性人工摘除虫叶，集中烧毁；利用成虫的假死性，人工振落捕杀。

④药剂防治　用 10%吡虫啉可湿性粉剂 2 000 倍液或 2.5%溴氰菊酯乳油 8 000 倍液进行喷洒防治

三、干部害虫

危害核桃枝干的害虫主要有核桃小吉丁虫、云斑天牛和芳香木蠹蛾。防治措施：①加强栽培管理，采后至落叶前结合修剪剪除受害枝条，扫除园内枯枝落叶，集中烧毁，消灭越冬虫蛹。②成虫发生期，利用其趋光性和假死性，用黑光灯或震动树体，捕捉成虫。③对在树干上危害的害虫，待其成虫产卵后，在产卵槽和流黑水处用刀挖出卵或幼虫杀死，也可用石头或铁锤敲击消灭。④幼虫危害期，在粪屑排出处，先用铁丝清理虫孔，然后用棉花球蘸敌敌畏或乐果原液堵塞，最后用泥巴封口或塑料纸包严。⑤树干注药防治。利用吡虫啉、氧化乐果等药剂，于害虫发生期进行树干注药防治。

1. 云斑天牛(*Botocera horsfieldi* Hope)

俗称核桃天牛、白条天牛，属鞘翅目、天牛科。

以幼虫蛀食树干皮部和木质部，成虫危害新梢、嫩皮和新叶，严重时造成核桃树死亡(图 11—3)。

(1)分布及危害　云斑天牛广泛分布于东北、西北、华北、华中、华南等地，寄主有核桃、板栗、苹果、梨等果树及杨、柳、榆等林木。

(2)形态特征　成虫体长 51～91 毫米，黑褐色，密被黑绒毛，前胸背板有一对肾形白斑，鞘翅上有大小不等的白斑，呈云片状。体两侧从复眼后方至最后一节各有一条白色条纹。卵长椭圆形，略弯曲，长 8～9 毫米，淡土黄色。幼虫体长 74～100 毫米，黄白色，头扁平，前胸腹板两侧有橙黄色月形斑块，前胸腹面排列有不规则的橙黄色斑块4个，前胸及腹部第一至七节背面，有许多刻点组成骨化区呈“口”字形，蛹褐色。

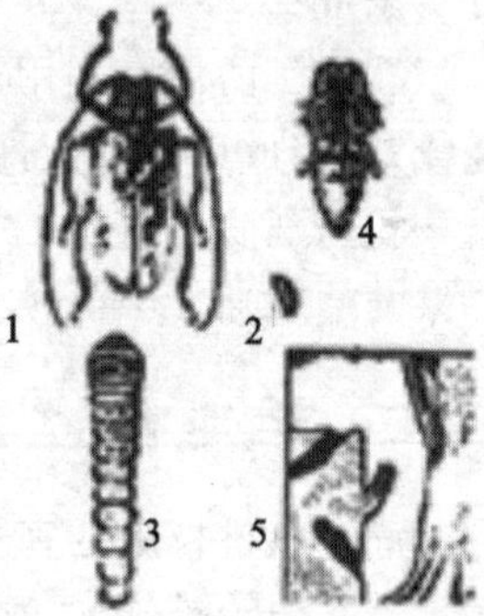

1.成虫 2.卵 3.幼虫 4.蛹 5.危害状

图11—3 核桃云斑天牛

(3)生活习性 每2～3年完成一次，以成虫或幼虫在树干内越冬，第二年五六月成虫出现，羽化后即咬一圆形羽化孔钻出，成虫有假死性和趋光性，白天多栖息在树干或大枝上，晚上活动啃食核桃枝条的嫩皮和叶片，取食30～40天后开始交尾产卵。产卵多选择直径20厘米左右的树干基部或大枝下面。产卵前，雄虫多在树皮上咬成指头大小的圆形或椭圆形刻槽，而后在里面产一粒卵。一头雌虫一生可产卵30～50粒，卵期10～15天。幼虫孵出后，先把皮层蛀成三角形蛀道，木屑和粪便从注入孔排出，受害处颜色逐渐变深，树皮外胀，不久纵裂，流出褐色树液，这是识别云斑天牛的重要特征。20～30天后，幼虫逐渐蛀入木质部，蛀食一段时间后幼虫在树干内越冬。第二年继续为害，至8月份在蛀道顶端作一椭圆形蛹室化蛹，9月羽化为成虫在蛹室越冬，第三年核桃树发芽后成虫即咬一羽化孔爬出。

(4)防治方法

①人工扑捉成虫 利用成虫的假性死，摇动树干、枝，震落扑捉，或晚上用黑光灯诱杀，或人工砸卵，用刀刺卵，用铁丝钩杀幼虫和蛹。

②人工杀灭虫卵 在成虫产卵时，寻找产卵刻槽或流黑水的地方，用锤敲击，消灭虫卵或初孵幼虫。

③药剂防治 清除虫孔粪屑，用药棉蘸80%敌敌畏乳剂20

倍液塞入虫孔，然后用泥封孔口。

④涂白 成虫产卵前，用生石灰5份、硫磺1.5份、食盐2.5份，水40份，加少许动物油，混合均匀，涂刷树干基部，既能防止产卵，又能杀死初孵幼虫。

⑤保护天敌 如啄木鸟等益鸟。

2. **芳香木蠹蛾**（*Cossus cossus* L.）

芳香木蠹蛾又名杨木蠹蛾、红虫子、蒙古木蠹蛾，属鳞翅目、木蠹蛾科。

（1）分布及危害 芳香木蠹蛾广泛分布于东北、华北、西北、西南等地，除危害核桃外，还危害苹果、梨、桃、柳、榆等树林。幼虫常群栖危害根颈外皮层与木质部，使根茎部皮层开裂，排出深褐色虫粪和木屑，并有褐色液体流出，使树衰弱甚至死亡，是核桃重要害虫，尤其对10～30年生核桃危害严重。

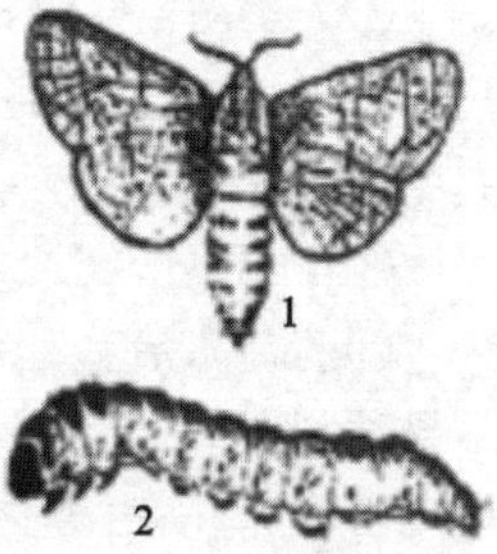

1.成虫 2.幼虫

图11－4 芳香木蠹蛾

（2）形态特征 成虫体长27～45毫米，翅展50～97毫米，雌蛾大于雄蛾，全身灰褐色，触角栉齿状，翅上有许多黑褐色波状横纹。卵椭圆形，长1.5毫米，初产时白色，孵化前暗褐色。幼虫体大而扁，体长60～100毫米，背面紫红色，腹面橙黄色，头部紫黑色，虫体有芳香味。蛹暗褐色，长30～50毫米，由丝缀结土粒而成，极致密（图11－4）。

（3）生活习性 以幼虫在被害树木的蛀道内和树干基部附近的土内越冬，4～6月为化蛹期，5月下旬至7月初为成虫发生期，成虫多在夜间活动，有趋光性。6月中旬产卵，卵产在树干1.5米以下或根茎结合部的裂缝、伤口边缘处，卵成块状，每块50～60粒。少者几粒，多者100余粒。初孵幼虫从根茎部蛀入皮层，入孔处有黑褐色粪便及褐色树汁流出，幼虫先在皮层下蛀食，使木质与皮层分离，幼虫稍大后，钻进木质部，数条虫纵横穿食。虫龄增大，常分散在树干同一段内蛀食，并逐渐蛀入髓部，形成粗大而不规则的蛀道。9月下旬10月上旬幼虫老熟后，陆续由排粪孔爬出落地，钻入土壤结薄茧越冬。来年春离开越冬场所，重做一化蛹茧，后羽化为蛾子飞出。

(4)防治方法

①人工防治　及时挖除枯死虫害树，挖出根颈幼虫。并经常检查树干根颈，发现危害状，深挖幼虫踏死，冬季根颈浇1～2担人粪尿覆土灭虫。

②在成虫产卵期，树干涂白，防止成虫产卵。

③药剂防治　5～10月幼虫蛀食期，将根部土壤扒开，用40%乐果乳剂25倍液注入虫孔，然后用湿土封严，杀死幼虫。6～7月份成虫产卵，幼虫孵化期，根颈处喷2.5%溴氰菊酯、20%甲氰菊酯、2.5%氯氟氰菊酯各2 000倍液，任选一种。

④5～6月成虫发生期，利用太阳能杀虫灯或黑光灯诱杀。

3. 核桃小吉丁虫 (*Agrilus lewisiellus* Kere)

核桃小吉丁虫俗称串皮虫，属鞘翅目、吉丁虫科。

(1)分布及危害　核桃小吉丁虫分布于山东、河南、陕西、山西、甘肃、四川等省核桃产区，其寄主目前仅为核桃树。幼虫在2～3生枝干的皮层中螺旋状取食，被害处膨大，皮层黑褐色。在蛀道上每隔一段距离有一新月形通气孔，并有少许黑褐色液体流出，干后呈白色。受害枝条枯死，造成大量“回梢”，树冠逐年缩小，产量降低。幼树受害严重时，易形成小老树或整株死亡。

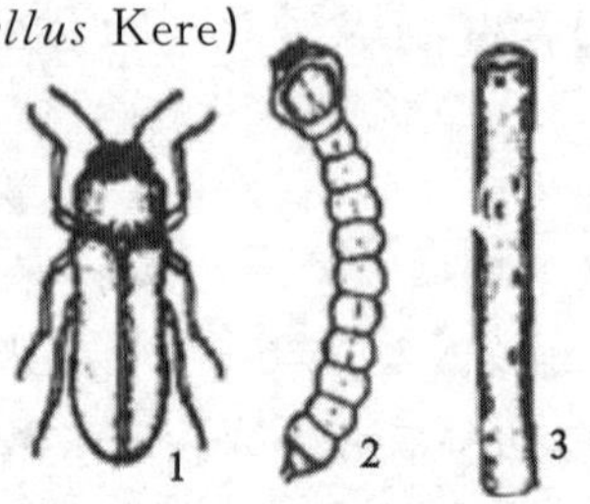

1. 成虫　2. 幼虫　3. 危害状

图11—5　核桃小吉丁虫

(2)形态特征　成虫雌虫体长6～7毫米，雄虫体长4～5毫米，黑色，有金属光泽，梭形。头中部有一条纵凹陷，触角锯齿状，复眼黑色，头、前胸背板及鞘翅上密布点刻。卵长 1.1 毫米，椭圆形，初产时白色，1 天后即变为黑色。老熟幼虫体长 12～20 毫米，扁平、乳白色。头棕褐色，缩入前胸内。前胸特别膨大，中间有一“人”字形纹。体背有一褐色纵线，腹部末端有一对褐色尾铗。蛹长 6 毫米，裸蛹，初产时乳白色，羽化前变为黑色（图 11—5）。

（3）生活习性　1 年发生 1 代，以幼虫在 2～3 年生被害枝干中越冬。幼虫越冬不再危害，4 月中旬即在枝内化蛹，6 月底为化蛹终期，蛹期 16～39 天。5 月上旬成虫开始羽化，6 月上中旬为羽化盛期，成虫羽化后在蛹室内停留 15 天左右，然后咬一直径 3 毫米的羽化孔外出。取食 10～15 天作营养补充，再交尾产卵，即 6 月中旬开始产卵，产卵盛期在 7 月上旬，卵多产于 2～3 年生枝条向阳叶面的叶痕附近。幼树树干和大枝的光皮上也可产卵，不在当年生的枝条上产卵。卵期约 10 天，幼虫孵化后即蛀入枝条皮层串食危害。随着虫龄增大，逐渐深入在皮层和木质部之间蛀食，蛀道多从下往上螺旋形，蛀道内留有虫粪，在通气孔中流出褐色粘液。被害枝条叶片发黄脱落，过冬后枯死。幼虫 10 月开始在枝条内越冬。

（4）防治方法

①农业措施　核桃树的栽培应选择土层较深厚，1 米以上比较肥沃的土壤，浅山沟旁；选用良种壮苗，加强秋末或早春施肥，春旱时及时浇水，增强树势，提高抗虫力。

②剪除受害枝条　在核桃采收到第二年发芽前，剪除病虫枝、枯死枝，剪除枯枝时注意多剪一段活枝，因为干枯枝与活枝交界处往往有幼虫越冬，以防幼虫被遗漏。剪除虫枝后烧毁。

③饵木诱卵　在成虫产卵期（6 月上旬至 7 月上旬），设立一些饵木，诱集成虫产卵后及时烧毁。

④药剂防治　幼虫发生期在幼虫蛀入的通气孔抹 5～10 倍的敌敌畏。成虫产卵期和卵孵化期，树上喷 10％氯氰菊酯乳油

1 500～2 000 倍液或 15%吡虫啉 3 000～4 000 倍液。

4. **黄须球小蠹** (*Sphaerotrypes coimbatorensis* Stebbing)

黄须球小蠹 又名核桃小蠹虫，属鞘翅目，小蠹科。

(1)分布及危害　主要分布在河北、山西、河南、安徽、四川以及我省等核桃产区，以成虫和幼虫蛀食核桃梢和芽，受害枝条和芽被蛀食，造成回梢，树冠逐年缩小，有时 2～3 年核桃无收获。

(2)形态特征　成虫黑褐色，椭圆形，体长 2.5～2.8 毫米，体宽 1.2～1.8 毫米。触角膝状，端部膨大呈球状。上颚发达，上唇密生黄色绒毛，在头、胸交界处生有两丛三角形黄色绒毛斑，前胸背板生有倒伏状的三叉毛；卵短椭圆形，长 1 毫米，宽 0.9 毫米，初产时透明白色，中后期变乳白色，后期可看到幼虫口器上的 2 个黄褐颚点。幼虫乳白色，老熟时体长 3 毫米，体弯曲，头小褐色，腹面有 3 对退化足痕，尾部有 3 个突起，成“品”字形；蛹为裸蛹，初为乳白色，后变为褐色，体长 2.5～4 毫米，宽 2 毫米。

(3)生活习性　1 年发生 1 代，以成虫在顶芽或叶芽基部的蛀孔内越冬，翌年 4 月上旬开始活动，多在健康或半枯死枝条的芽基部咬蛀坑道，补充营养，4 月中旬开始产卵，产卵盛期在 5 月上旬，可延续到 5 月中旬，卵由 5 月初开始孵化，盛期在 5 月中旬，6 月上旬老熟幼虫开始化蛹，盛期在 7 月中旬，6 月中旬开始成虫羽化，盛期在 7 月中旬，末期在 8 月上旬。

幼虫孵化后分别在母坑道两侧蛀子坑道取食生长，待两侧子坑道相通，枝条被环剥出现枯梢，幼虫期 40～45 天，老熟幼虫在子坑道末端筑蛹室化蛹。蛹期 15～20 天，新羽化的成虫在蛹室停留 4～5 天，然后咬破皮层，再停留 1～2 天羽化出穴。成虫多蛀食新芽基部，是第二次严重危害期，受害顶芽占 63%，第二侧芽占 20%，第三侧芽占 10%。越冬前 1 头成虫平均蛀害 3～5 个芽，即在最后芽基部过冬。

(4)防治方法

①农业措施　核桃栽培要选择土层深厚,保肥保水好的地块建园。要选择良种壮苗。同时加强地面肥水管理,及时防治病虫害,增强树势,提高树体抗虫力。

在当年新成虫羽化前(核桃硬核前 10 天),彻底剪除虫害枯梢,集中烧毁,减少虫源。

②药剂防治　在成虫羽化产卵期每隔 10～15 天,树冠喷药。药剂有:80%敌敌畏乳油 800 倍液,2.5%溴氰菊酯 4 000 倍液,2.5%三氟氯氰菊酯 5 000 倍液。

③诱杀成虫产卵　在越冬成虫产卵期,树上挂一些上年秋季剪下的 2～3 年生枝条,引诱成虫产卵,集中烧毁。

5. **大青叶蝉**(*Cicadella viridis* Linn.)

大青叶蝉又名青叶跳蝉、青叶蝉、大绿浮尘子等,属同翅目、叶蝉科。

(1)分布及危害　全国各地均有分布。食性较杂,危害杨、柳、榆、槐等多种林木和果树,以及农作物、蔬菜、杂草。以成虫、若虫刺吸汁液,冬季产卵刺伤枝干嫩皮,引起枝干失水,削弱树势,严重时引起幼树死亡。

(2)形态特征　成虫雌虫体长 9.4～10.1 毫米,头宽 2.4～2.7 毫米;雄虫体长 7.2～8.3 毫米,头宽 2.3～2.5 毫米。头部正面淡褐色,两颊微青,在颊区近唇基缝处左右各有 1 小黑斑;触角窝上方、两单眼之间有 1 对黑斑。复眼绿色。前胸背板淡黄绿色,后半部深青绿色。小盾片淡黄绿色,中间横刻痕较短,不伸达边缘。前翅绿色带有青蓝色泽,前缘淡白,端部透明,翅脉为青黄色,具有狭窄的淡黑色边缘。后翅烟黑色,半透明。腹部背面蓝黑色,两侧及末节淡为橙黄带有烟黑色,胸、腹部腹面及足为橙黄色,附爪及后足腔节内侧细条纹、刺列的每一刻基部为黑色。卵为白色微黄,长卵圆形,长 1.6 毫米,宽 0.4 毫米,中间微弯曲,一端稍细,表面光滑。

若虫初孵化时为白色，微带黄绿，头大腹小，复眼红色。2～6小时后，体色渐变淡黄、浅灰或灰黑色，3龄后出现翅芽。老熟若虫体长6～7毫米，头冠部有2个黑斑，胸背及两侧有4条褐色纵纹直达腹端。

(3)生活习性　北方1年发生3代，以卵于树木枝条表皮下越冬。4月孵化，在杂草、农作物及蔬菜上危害，第1代成虫发生期为5月下旬至7月上旬。各代发生期大体为：第1代4月上旬～7月上旬，成虫5月下旬开始出现；第2代6月上旬～8月中旬，成虫7月开始出现；第3代7月中旬至11月中旬，成虫9月开始出现。发生不整齐，世代重叠。成虫有趋光性，夏季颇强，晚秋不明显。若虫喜群居，成虫、若虫均喜弹跳，日夜均可活动取食，产卵于寄主植物茎秆、叶柄、主脉、枝条等组织内，以产卵器刺破表皮成月牙形伤口，产卵6～12粒于其中，排列整齐，产卵处的植物表皮成肾形凸起。每雌可产卵30～70粒，非越冬卵期9～15天，越冬卵期达5个月以上。前期主要危害农作物、蔬菜及杂草等植物，9、10月集中于秋菜、冬麦等绿色植物上危害，10月中旬第3代成虫陆续转移到果树、林木上危害并产卵于枝条内，10月下旬为产卵盛期，直至秋后，以卵在果树、林木嫩枝皮层内越冬。

(4)防治方法

①树干涂白　于秋季成虫产卵前(10月中旬)，对枝干涂白，阻止成虫产卵，涂白部位以幼树主干和骨干枝为主。

②人工灭卵　对幼树密度大的卵块和必须保留的被害枝梢，可在卵孵化前用木棍挤将其压破。结合冬季修剪，剪除有虫卵的枝条，并集中烧毁。

③减少寄主　由于大青叶蝉于晚秋多转移到白菜、萝卜等十字花科蔬菜上进行危害，所以在幼树园内尽量不种十字花科作物。如已间作，要加强病虫害防治，并在9月底前收获，以减少大青叶蝉寄生。

④药剂防治 抓住成虫向果园转移前喷药。自9月下旬至10月上旬,对果树、间作物、诱集作物、杂草每隔10天左右喷一次药。药剂选用50%辛硫磷乳油1 000倍液、20%吡虫啉乳油2 000～3 000倍液或90%敌百虫晶体1 000倍液。

四、果实害虫

核桃果实主要害虫有核桃举肢蛾、桃蛀螟、长足象。防治措施:①休眠期及时捡拾园内落果病果,扫除枯枝落叶,结合修剪,剪除病虫危害枝,集中烧毁。②生长季及时摘除树上被害果,并集中烧毁。③成虫羽化出土前,树下喷洒50%辛硫磷乳剂200～300倍液,浅锄或盖一薄层土。④成虫产卵期,每隔10～15天向树上喷洒1次1.8%阿维菌素乳油3 000～4 000倍液,或25%灭扫利乳剂2 000倍液或灭幼脲3号2 000倍液。于盛期连喷2次。⑤树干注药防治。利用吡虫啉、甲基阿维菌素等药剂,于成虫发生期进行树干注药防治。

1. 核桃举肢蛾(*Atrijuglans hetauhei* Yang)

核桃举肢蛾俗称核桃黑,属鳞翅目、举肢蛾科。

(1)分布及危害 核桃举肢蛾在河北、河南、山西、陕西、甘肃、四川、贵州等省核桃产区普遍发生危害严重。幼虫蛀食核桃果实和种仁,被害果实发黑,皱缩,种仁干缩变黑,引起早期落果,严重影响核桃产量。

(2)形态特征 成虫体长4～8毫米,翅展12～15毫米,体黑褐色、翅狭长,前翅黑褐色,端部三分之一处有近似月牙形白斑,翅基部三分之一处后缘有圆形白斑,缘毛黑褐色,后翅褐色,后足胫节和柎节有黑色毛三束,体腹面银白色。卵长0.3～0.4毫米,椭圆形,初产时乳白色,后变为淡黄色,黄色或红色,孵化前为红褐色。初孵幼虫体长1.5毫米,乳白色,头部黄褐色,老熟幼虫体长7.5～9毫米,淡赤黄色,头部暗褐色。蛹长4～7毫米,纺锤形,黄褐色至深褐色，茧长7～10毫米，长椭圆形，常粘附细土粒。

(3)生活习性　每年发生1～2代，以老熟幼虫在树下土中或杂草、枯叶、石块、土缝间结茧越冬。在1代区，翌年6月下旬至7月下旬越冬幼虫化蛹，化蛹盛期在6月下旬，蛹期7天，6月下旬至7月上旬为羽化盛期。幼虫最早于6月上、中旬开始危害，7月下旬开始脱果，8月上旬为脱果盛期，脱果幼虫入土结茧越冬。2代区成虫发生于5月中旬至7月中旬和7月上旬至9月上旬。

成虫昼伏夜出，白天多栖息于核桃树冠下部叶片背面及树冠下草丛中，后足上举，故名举肢蛾。该蛾下午6～8时最为活跃，飞翔、交尾、产卵。卵多产于两果相接处，也可产于萼洼、梗洼、果柄上，每处1～4粒，每头雌虫一生可产卵30～40粒，卵期5～7天，初孵幼虫在果面爬行3～7小时后蛀入果实，侵入孔只有针尖大小，不易发现，数日在果面上能看到有透明状黄色小水珠出现，用手摸粘糊糊的，果皮逐渐出现褐色小虫道，幼虫已蛀入果肉，留下虫食后的痕迹和排出的粪便，随着虫体增大，食量加大，青果和果仁被纵横穿食，使果变黑，干缩为“黑果”，大量脱落，果实内有幼虫5～7头，多者达30头。

(4)防治方法

①冬春季及时捡拾落地虫果，深翻树盘，集中烧毁，消灭越冬幼虫。

②幼虫孵化期用每毫升合孢量2～4亿白僵菌液喷雾防治幼虫。

③在成虫羽化前期地面洒25%辛硫磷微胶囊，每株施50克，施后浅锄一次。

④对集中连片，郁闭度较高的核桃林，可在成虫发生期用烟雾熏杀成虫。

2. 核桃长足象（*Alcidodes juglans* Chao）

核桃长足象又名核桃果象。属鞘翅目，象虫科。

(1)分布及危害　分布于河南、陕西、四川和云南等核桃产区，仅危害核桃。幼虫蛀食果实、嫩枝、幼芽等。果实被害后，果肉充满棕黑色粪便，果仁被食，造成6～7月份大量落果。

(2)形态特征　成虫体长10毫米，黑褐色，略有光泽。密被棕色短毛。头管较粗，密布小刻点。触角膝状，着生于头管二分之一处。前胸背板密布黑色瘤状凸起。鞘翅上有明显的条状凹凸纵带。卵长1.2～1.4毫米，椭圆形，半透明。初产时乳白色或淡黄色，后变为黄褐色或褐色。幼虫体长14毫米，体肥而弯曲，头部棕褐色，其余部分为淡黄色。蛹长约12～14毫米，初为乳白色，后变为黄褐色。

(3)生活习性　每年发生1代，以成虫在树干基部的粗皮缝中或向阳的杂草、表土层越冬。翌年4～5月份成虫开始活动，上树取食芽，补充营养。成虫行动迟缓，飞翔力弱，有假死性，喜光，多在阳面取食活动。5月中旬开始交尾产卵。产卵前在果面咬成3毫米深的卵孔，而后产卵于孔口，再用头管将卵送入孔底，最后用淡黄色的胶状物将孔封闭，每果常产卵1粒。每头雌虫可产卵105～183粒，平均124粒。卵期3～8天。幼虫孵出后蛀入果肉。4～5月发生的幼虫在内果皮硬化前，主要取食种仁，蛀道内充满黑色粪便，种仁变黑，果实脱落。7～8月份发生的幼虫多在中果皮取食，使果面有条状下凹的黑褐色虫疤，种仁瘦小。6月下旬开始化蛹，7月上中旬成虫羽化后在树上取食一段时间后，寻找场所越冬。

(4)防治方法

①人工防治　在6月初至7月上旬核桃长足象虫脱果期，坚持1～3天捡拾落果，摘除树上被害果，集中销毁。也可在成虫发生盛期振动树枝，树下铺塑料袋，集中处理落地成虫。

②生物防治　5～6月份成虫发生时，用每毫升含孢量2亿个的白僵菌500倍液喷雾。同时，对红尾伯劳、寄生蝇和一些蚂蚁等核桃果象甲的天敌，应注意保护、招引和利用。

③药剂防治　从成虫盛期至幼虫孵化期，用50%辛硫磷乳剂1 000倍液或2.5%功夫乳剂2 000倍液树冠喷雾，可防治成虫，阻止幼虫孵化。

第四节　主要病害

一、叶部病害

核桃叶部病害主要有核桃细菌性黑斑病和炭疽病。防治措施：①及时清除病果、病叶等病源物。②冬春季发芽前喷洒3～5波美度石硫合剂。③夏季病害发生初期，交替向树冠喷洒50%甲基托布津、25%戊唑醇、40%代森锰锌或50%多菌灵可湿性粉剂等药剂1 000倍液或1∶2∶200倍波尔多液2～3次，每次间隔10天，可起到良好的防治效果。

1. 核桃炭疽病(*Gloeosporium fructigenum* Berk.)

(1)分布及危害　在我国多数地区均有发生。属真菌性病害，主要危害核桃果实，还危害核桃的芽、叶片和嫩枝。常引起果实早落、核仁干瘪，使产量和品质大为降低。

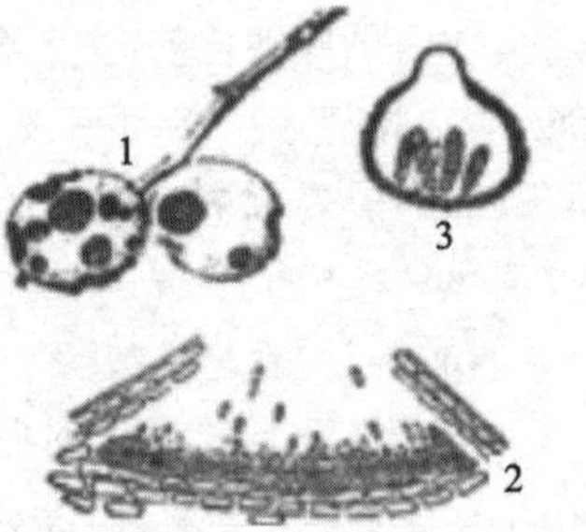

1. 病果　2. 分生孢子盘　3. 子囊壳

图11—6　核桃炭疽病

(2)症状　果实受害后，果皮上出现褐色病斑，圆形或近圆形，中心凹陷，病部有黑色小点产生，散出或排列成同心轮纹状。雨后或潮湿条件下，黑点上溢出粉红色粘质孢子团，即病菌的分生孢子团和分生孢子。叶片上的病斑，多从叶尖、叶缘形成大小不同的褐色枯斑，外缘有淡黄色晕圈。有的在主侧脉间长出长条枯斑或圆褐斑。潮湿时病斑上的小黑点也产生粉红色的孢子团。严重时叶斑连片，枯黄而脱落。

(3)病原　核桃炭疽病病原菌无性阶段为半知菌炭疽菌(*Colletotrichumqloesoporioides* Penz)，分生孢子盘圆形，直径 210～340 微米，孢子梗短，分生孢子顶生，成串，单细胞，长椭圆形，无色，长 14～19.8 微米，宽 3.3～6.6 微米，其有性繁殖属子囊菌围小丛壳菌，子囊壳褪色，球形或梨形，分生孢子盘着生于外果皮层 2～3 层细胞之下，孢子盘成熟后突破寄生表皮，放出分生孢子。

(4)病害循环及流行　病菌以菌丝体和分生孢子在病果、病叶、病枝上越冬，成为来年初次侵染来源。病菌分生孢子借风、雨、昆虫传播，从伤口、自然孔口侵入。在 25℃～28℃温度下、孢子水滴内有寄主物质条件下，潜育期 3～7 天，一般幼果期易受侵染，7～8 月高温高湿，发病严重。

(5)防治方法

①农业措施　及时摘除病果、病叶，集中烧毁或深埋，可减少病源。

②药剂防治　发芽前喷 5 波美度石流合剂，消灭越冬病菌。6～7 月间喷洒波尔多液(硫酸铜∶石灰∶水为 1∶2∶200)2～3 次或 50％多菌灵 800 倍液。

2. 核桃灰斑病(*Phyllosticta juglandis*(DC.)Sacc.)

(1)分布及危害　核桃灰斑病又名核桃圆斑病，分布于山东、四川、河北、甘肃以及我省等地，是一种常见的叶部病害。8～9 月为病害盛发期，一般危害轻。

(2)症状　主要危害叶片，病斑圆形，直径 3～8 毫米，初期暗褐色，边缘黑褐色，后病斑灰白色上生黑色小点，即病菌的分生孢子器。

(3)病原　病原为半知菌亚门的核桃叶点霉菌(*Phyllosticta juglandis*(DC.)Sacc)，属半知菌类真菌。分生孢子器扁球形，直径 80～96 微米，分生孢子卵圆形或短圆柱形，无色、单胞，有时含两个油球，大小为 5～7×2.5～3 微米。

(4)病害循环及流行　病菌以菌丝和分生孢子器在枝梢和病叶上越冬。翌年 5～6 月份产生分生孢子，借雨水、风力传播，引起发病。主要侵染叶片，形成具有明显边缘的圆斑，病斑不易扩大，发病严重时，一个叶片有多个圆形病斑。在病斑中产生分生孢子器，借雨水、风力可进行多次再侵染，夏季雨水多，湿度大常引发病害大发生，引起早落叶。

(5)防治方法

①农业措施　冬季清扫落叶，集中烧毁，减少病害侵染源，控制树冠密度。

②药剂防治　生长期可喷 80％代森锌可湿性粉剂 500～800 倍液，或 25％多菌灵可湿性粉剂 600 倍液，或 20％甲基硫菌灵可湿性粉剂 1 000 倍液。每次喷药间隔 10～15 天。

3. **核桃黑斑病**(*Xanthomomas juglandis* (pierce) Dowson.)

(1)分布及危害　核桃黑斑病是一种发生比较普遍的细菌病害。主要危害核桃果实，造成果实变黑、腐烂、早落、核桃仁干瘪。此外还危害叶片、嫩梢，造成早期落叶，严重影响核桃产量和质量。

1.2. 病果　3. 病叶　4. 病原菌

图 11－7　核桃黑斑病

(2)症状　受害幼果，初期果面出现小而微隆起的黑褐色小斑点，后扩大成圆形或不规则黑斑并下陷，无明显边缘，周围呈渍状，果实畸形，如果壳未硬化，病菌可侵染到核仁，导致全果变黑，早期脱落。叶片感病，首先在叶脉和叶脉分叉处出现黑色小点，后扩大成近圆形或多角形黑褐色小斑，外缘有半透明状晕圈。严重时病斑连片扩大，叶片皱缩、枯焦、早落。

(3)病原 属于细菌中黄单孢杆菌属的核桃黄单孢杆菌(*Xanthomonas arboricola* pv. juglandis)。橙黄色、圆形、光滑。菌体杆状，长 1.5～3 微米，宽 0.3～0.5 微米。一端生有 1 根鞭毛，有荚膜，革兰氏染色阴性，溶解明胶，在肉汁琼脂培养基上生长旺盛，凸起有光泽、平滑、淡褐色、黏稠、有闪光。能使乳酸慢慢消解，石蕊褪色，菌落生长的最适温度为 28℃～32℃，最高 37℃，最低 5℃～7℃，致死温度 53℃～55℃，生长酸碱度范围 pH 5.2～10.5，最适 pH 6～8。

(4)病害循环及流行 病菌在残留病果、病叶、芽鳞等组织内越冬。翌年借雨水、昆虫等传播到叶片和果实上。病菌由气孔、皮孔及各种伤口侵入，雨水多时发病较重。

(5)防治方法

①农业措施 选用抗病品种，加强栽培管理，提高抗病能力。

②清园 结合修剪，清除残果、落叶、病虫枝等，集中烧毁。生长季及时捡拾病果，集中处理以减少病原。

③合理密度，科学修剪 剪除病残枝及密集枝，改善通风透光条件。对修剪口、伤口要及时涂抹愈伤防腐膜，保护伤口，防止病菌侵入。

④药剂防治 在核桃发芽前喷 3～5 波美度石硫合剂，消灭越冬病菌。核桃展叶(雌花开花前)、花后及幼果早期交替喷施 3%中生菌素可湿性粉剂 1 000 倍液、1∶(0.5～1)∶200 波尔多液或 72%农用链霉素可湿性粉剂 3 000～4 000 倍液，每隔 10 天喷 1 次，连喷 2～3 次。

4.**核桃褐斑病**(*Ggtospora juglandis* (Lib.) magn.)

(1)分布及危害 核桃褐斑病又名胡桃白星病。分布于河北、河南、四川以及我省等地。危害叶片、嫩枝和果实。危害严重时常引起早期落叶，影响核桃树势和生长。

(2)症状　核桃褐斑病主要危害叶片，其次危害果实和嫩枝。叶片感病后，起初在叶片上呈现小褐斑。扩大后，叶片上的病斑近圆形或不规则形，直径0.3～0.7厘米，病斑中间灰褐色，边缘暗黄绿色或紫褐色，与周围健康部分界限不清楚。病斑上有略呈同心轮纹排列的黑褐色小点，即病菌的分生孢子盘及分生孢子。病叶上的病斑逐渐增多后常常造成大片的枯花斑，严重时全叶枯焦，引起早期落叶。病果上的病斑较叶片小，凹陷。病斑扩展连成片后，果实变黑腐烂，成为核桃黑。病梢的病斑呈长椭圆形，或不规则形，黑褐色，病斑稍凹陷，病斑边缘褐色，病斑中央常有纵向裂纹。发病后期病斑上散生黑色小点，即分生孢子盘和分生孢子。

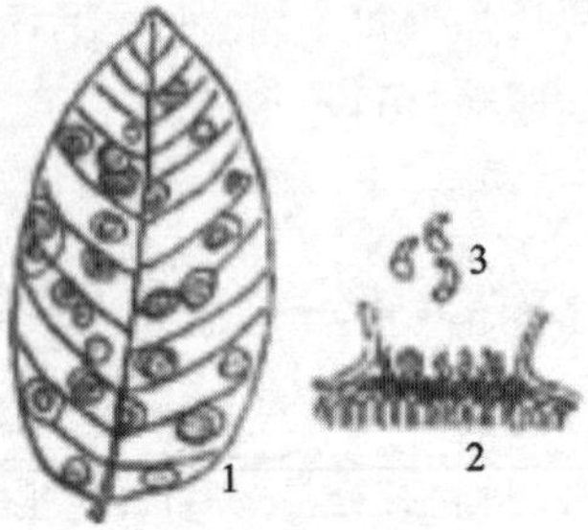

1.病叶 2.分生孢子盘 3.分生孢子

图 11－8　核桃褐斑病

(3)病原　病原菌属半知菌亚门的核桃盘二孢(*Marssoning juglandis*(Lib)Magn)。分生孢子盘直径106～213微米。分生孢子梗无色，密集于盘内，大小为8～12×1.2～18微米。分生孢子镰刀形，无色、双胞，上部细胞顶端有的弯成钩状，大小为20.2～29.4×2.6～6.2微米。

(4)病害循环及流行　病原菌以分生孢子在被害叶片和树梢或病枝条上越冬。翌年春天形成分生孢子，借风雨或昆虫等传播，开始从皮孔或伤口侵入叶片、嫩梢和果实。此病在我省5月中旬至6月上旬开始发病，7～8月份为发病盛期。一般夏季降雨多的年份，气温高湿度大的情况下，适合分生孢子侵染，核桃褐斑病迅速发展蔓延，常引起大量病叶早期脱落，严重影响树势，降低果实产量和品质。

(5)防治方法

①人工防治　冬季清扫落叶集中烧毁,结合修剪除病梢,减少侵染病原。

②药剂防治　5月~6月各喷1次1∶2∶200倍波尔多液,或50%甲基硫菌灵,或50%多菌灵800~1 000倍液。

5. **核桃白粉病**(*Microsphaera akebiae Saw.*;*phyuactinia guttata*(Fr.)Lev.)

(1)分布及危害　核桃白粉病在我国分布普遍,是一种遍布各核桃产区的病害。不论核桃大树还是核桃苗木,均遭受白粉病的危害,引起早期落叶和苗木死亡,除叶片外,还危害嫩芽和新梢,一般叶片受害率在10%~30%,干旱季节病叶率可达90%,影响树势和产量。

(2)症状　发病初期叶面产生褪绿或黄色斑块,严重时叶片变形扭曲皱缩,嫩芽不能展开,叶正面或背面出现白色圆形粉层,即病原菌的分生孢子梗和分生孢子。后期在白粉层中产生褐色至黑色小粒为病菌的闭囊壳。

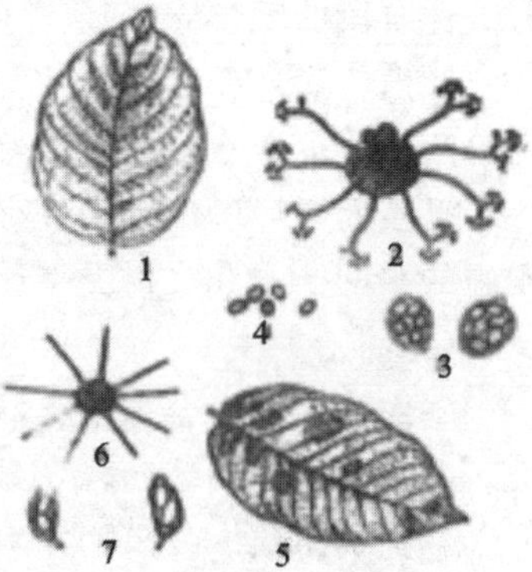

1.病叶正面　2.孢子囊壳
3、4.子囊和子囊孢子
5.病叶背面　6~7.子囊壳和子囊
图11－9　核桃白粉病

(3)病原　病原菌属于囊菌亚门的山田叉丝壳菌核桃白粉病菌(*Microsphaera yamadai*(Salm)Syd),闭囊壳聚生或分散叶背面菌丝层中,球形,直径73~130微米,附属丝5~10根,坚硬直或微弯曲,基部褐色,顶部叉状分枝2~3次,末端反卷。子囊4~6个,无色椭圆形,大小为49~73×38~44微米，内有子囊孢子4～8个，无色椭圆形，单胞，大小为16～23×10～15微米。

另一种病原菌为子囊菌亚门的桑果白粉病菌（*Phyllacfinia-corylea*（Pers）Kerst），危害叶片和新梢。闭囊壳扁球形，直径140～290微米，具针状附属丝5～18根，闭囊壳内有5～45个，子囊短圆形或倒卵形，有短柄，大小为60～105×25～40微米，含子囊孢子2～3个。子囊孢子单细胞，椭圆形，大小为27～40×19～25微米。

（4）病害循环及流行　核桃两种白粉病，均以闭囊壳在病落叶上越冬。翌年生长季节，借风雨释放出子囊孢子，依赖风力传播到寄生植物叶片和嫩梢上，进行初次侵染。5～6月份发病盛期，不断产生分生孢子，进行多次再侵染，从气孔侵入，在夏季潜育期7～8天，蔓延危害。9～10月份开始在白粉层中出现小黑颗粒，产生有效性阶段的闭囊壳，随病落叶越冬。

桑白粉病主要在核桃叶背面危害，白粉层较厚，叉丝壳属核桃白粉病主要分布在叶片正面，也有在叶背面的，白粉层一般较薄。

温暖而干燥的气候条件有利于白粉病的发生，氮肥施得多、钾肥施的少的苗木和大树受害重。

（5）防治方法

①农业措施　合理施肥，忌偏施氮肥，增施磷、钾肥，提高抗病力。冬季彻底清扫落叶，集中烧毁。

②药剂防治　发病初期喷0.2～0.3波美度石硫合剂。夏季喷50%甲基硫菌灵可湿性粉剂800～1 000倍液，或15%粉锈宁可湿性粉剂1 500倍液。

二、干部病害

危害核桃枝干的病害主要有核桃枝枯病、核桃溃疡病和核桃枯梢病。防治措施：①加强管理，增强树体抗病力。秋冬季结合修剪剪除受害枝条，清除园内枯枝落叶，集中烧毁，消灭越冬病原菌。②冬季或早春树干涂白。③刮除病斑。主干发病，一般于早春刮除病斑，刮后涂抹3～5波美度石硫合剂。④夏季病害发生初期，在病斑处纵割几条口子，涂刷3波美度石硫合剂，或1%硫酸铜液，或50%甲基托布津或50%多菌灵可湿性粉剂100倍液，或涂抹防腐专家。

1. **核桃枯梢病**(*Phomopsis cytosporelle* Penz. et Sacc.)

(1)分布及危害　核桃枯梢病在陕西、山西时有发生。主要危害枝梢，造成枝条枯死，也危害果实和叶片，造成果实腐烂。

(2)症状　枝条受害后，病斑呈红褐色至深褐色，梭形或长条形，后期失水凹陷，其上密生红褐色至暗色小点，即病原菌的分生孢子菌。

(3)病原　属于真菌中半知菌亚门的核桃拟茎点菌。分生孢子器暗褐色，扁球形或不规则形，有孔口。同一分生的孢子器有时能产生两种无色、单胞的分子孢子，一种孢子椭圆形或纺锤形，6～9微米×3～4微米，另一种孢子细长形，一端稍弯，有时呈现钩状，16～19微米×2微米，也可单独产生一种类型的孢子。

(4)病害循环及流行　病菌以分生孢子和子囊孢子在病组织内越冬。翌年春季气温回升雨量适量，两种孢子靠雨水传播，并从枝干的皮孔和受伤组织侵入，产生病斑后又形成分生孢子，借雨水传播进行多次侵染。

(5)防治方法

①剪除病枯枝，集中烧毁。

②4～5月份喷洒波尔多液(硫酸铜∶生石灰∶水即1∶1∶200)。

2. **核桃枝枯病**(*Melanconium ollangum* Berk.)

(1)分布及危害　核桃枝枯病在河南、山东、河北、陕西、山西、四川、云南等省核桃产区都有发生，主要危害核桃枝条和较大枝干,引起枝干干枯。一般危害枝率20%左右,严重的可达90%,削弱树势,诱发核桃小吉丁虫、黄须球小蠹虫的发生。

(2)症状　病害先从一、二年生的枝梢或侧枝的顶端开始,逐渐向下蔓延至主干,受害枝条皮层初呈暗灰褐色,后变为浅红褐色或深灰色,大枝病皮下陷,病皮死亡干燥纵裂有缝。病死皮层生出许多小黑点,为分生孢子盘,直径0.8～2毫米。病枝与叶片变黄脱落,皮层略隆起,失绿呈灰褐色,后变为红褐色至深灰色,枝条枯死。枯死的枝条产生许多黑色扁圆形瘤状突起,即病菌的分生孢子盘,湿度大时,瘤状突起处溢出粘质状分生孢子团。

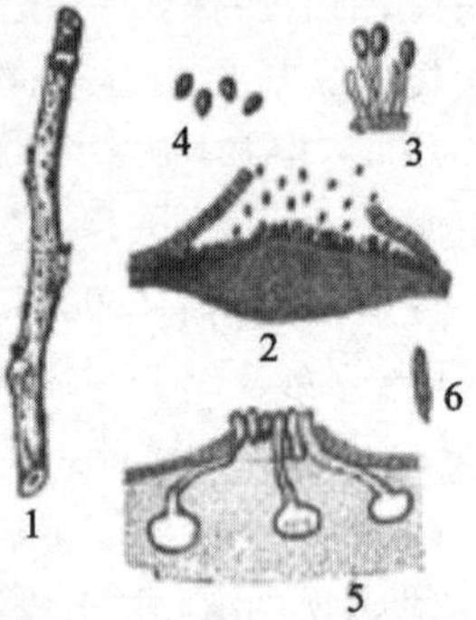

1.病枝　2～4.分生孢子盘及分生孢子
5～6.子囊壳和子囊孢子
图11－10　核桃枝枯病

(3)病原　病原菌有性繁殖阶段为子囊菌亚门的核桃黑盘壳菌(*Melanconis juglandis*(ELL el Ev)Croves)。病死皮上带毛的黑色小点,是有性时代的子囊壳座,群生,初埋于皮下,后突破病斑皮层,露出近聚颈顶部,直径2～5毫米。子囊壳烧瓶状,具长颈,深埋于子座中,仅颈端分别伸出子座外,呈短柱状。子囊圆筒形,具短柄,大小99～139×10～18微米。子囊孢子单行或双行排列,棱形至椭圆形,双胞,无色,外有一层胶膜,大小18～25×8～13微米,侧丝线形,常早期消解。

病斑死皮上的小黑点是无性繁殖的分生孢子盘,短圆黑盘孢菌与胡桃黑盘孢菌两种。前者孢子小,后者孢子大。分生孢子盘初期埋于枝条表面下,后突破表皮外露,黑色,扁圆锥形或盘形。矩圆黑盘孢菌的分生孢子梗无色、线状、不分枝。核桃黑盘孢菌分生孢子梗较细、分生孢子粗大。

(4)病害循环及流行　病害在病枝上越冬,翌年分生孢子借风雨传播,通过枝条上的伤口进行初次侵染,发病后又产生分生孢子进行再次侵染。病菌是一种寄生菌,只危害生长衰弱的核桃树或枝干。树木受冻害或春季干旱有利于发病。空气湿度大或雨水多的年份发病严重,核桃园通风透光不良,发病也重。

(5)防治方法

①农业措施　加强栽培管理,增施有机肥,合理修剪,增强树势,提高抗病能力;落叶前和发芽后剪除病枝并烧毁,消灭病原,防止伤流诱发枝枯病。

②药剂防治　发病严重的核桃园可喷50%多菌灵1 000倍液或21%果富康400～500倍液。雨季到来前至发病高峰期,用70%的代森锰锌800倍液连续喷3次,每隔10天一次。在生长季节发现病枝,及时刮治主干病斑或剪去病枝,伤口用3～5波美度石硫合剂涂抹消毒。也可对病斑用刀划几道伤口,涂抹10%蒽油。

③冬季树干涂白,防冻、防旱、防虫,以减少衰弱枝及各种伤口,防止病菌侵入。

3. 核桃腐烂病(*Cytospora juglandis* (DC) Sacc.)

(1)分布及危害　核桃腐烂病又称烂皮病、黑水病,分布于西北、华北、山东、安徽等地。从幼树到大树均有受害。进入结果期后,缺肥少水,负载太大,容易发生腐烂病。

(2)症状　大树主干感病后,病斑初期隐藏在皮层内,俗称"湿串皮",多个病斑连成大的斑块,周围聚集大量白色菌丝体,从皮层溢出黑色粘液,发病后期,病斑长达20～30厘米,树皮纵裂,沿树皮裂缝流出黑水(故称黑水病),干后发亮,好似刷了一层黑漆。幼树主干和侧枝受害后病斑初期近于梭形,呈暗灰色,水渍状,微肿起,用手指按压病部,流出带泡沫的液体,有酒糟气味,病斑上散有黑色小点的分生孢子器。当空气潮湿时,小黑点上溢出橘黄色胶质丝状物，病斑沿树干纵横发展，发生病害。

(3)病原　病原为真菌门半知菌亚门的胡桃壳囊孢菌(*Cytospora juglandis* Sace)引起，病斑上出现的小黑点是子座。分生孢子埋于木栓层下，分生孢子器多腔，形状不规则，黑褐色，有长颈。

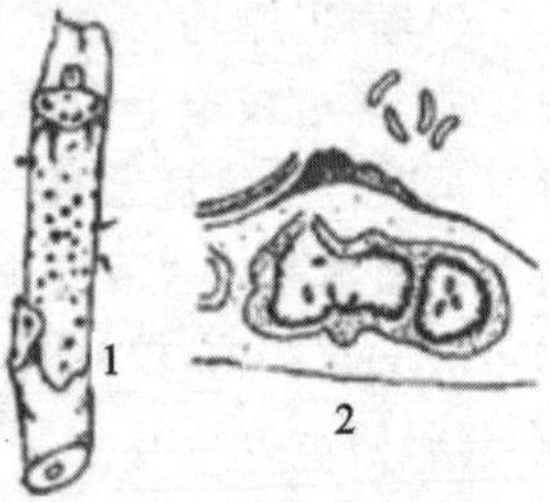

1病枝 2.分生孢子器和分生孢子

图 11－11　核桃腐烂病

(4)病害循环及流行　以菌丝及分生孢子器在病枝上越冬。翌年条件适宜时产生分生孢子，分生孢子借雨水、风力、昆虫传播，从各种伤口入侵，树液流动时开始活动，逐渐扩展蔓延危害，以春、秋两季发生最多。土壤贫瘠、排水不良、肥力不足、管理粗放、树势衰弱的核桃树易感染此病。

(5)防治方法

①农业措施　加强核桃园综合管理，多施有机肥，增强树势，入冬前树干涂白。涂白剂配方：生石灰 5 份、硫磺 1.5 份，食盐2.5 份，水 40 份，加少许动物油。

②药剂防治　在春季 4～5 月份刮治病斑。刮病斑时将树干韧皮部和木质部变色部分刮净，并刮除病斑边缘外 0.5 厘米的健皮，刮后用果富康 2～3 倍液涂抹至不起泡沫为止。也可用菌立灭 2～3 倍液或雷奇果树康涂抹。具体方法是在病斑上间隔 1 厘米纵划数刀，深达木质部，然后涂药，半月后再涂一次，连涂 2～3 次。在落叶后和萌芽前喷果富康 100 倍液，注意将直径 3 厘米以上枝干全部均匀喷洒。

适当疏除下垂枝、老弱枝，以恢复树势，并对剪锯口用 1% 的硫酸铜进行消毒。

4. **核桃溃疡病**(*Dothiorella gregaria* Sacc.)

(1)分布及危害：核桃溃疡病主要分布在辽宁、河北、河南以及陕西等地。受害植株轻则影响生长，重则引起枯梢，严重时整株死亡。其主要危害幼树主干、嫩枝及果实，一般发病株率20%～40%，造成核桃树生长衰弱，甚至死亡。

(2)症状　核桃溃疡病多发生在树干及主侧枝基部。一般感病后在枝干皮孔的边缘形成小泡状溃疡病斑，初为圆形极小不易识别，其后水泡破裂，流出淡褐色液体，遇空气变为黑褐色，病斑周围呈黑褐色，最后病斑干缩下陷，中央有一纵裂小缝，后期病斑上生出黑色针头小点，即为病菌的分生孢子器及子囊壳。潮湿时，小黑点上溢出白色或乳白色分生孢子角或子囊孢子，一般光滑树皮上水泡明显，粗皮枝干感病后皮下变褐色，腐烂，流出赤褐色液体，不形成水泡。

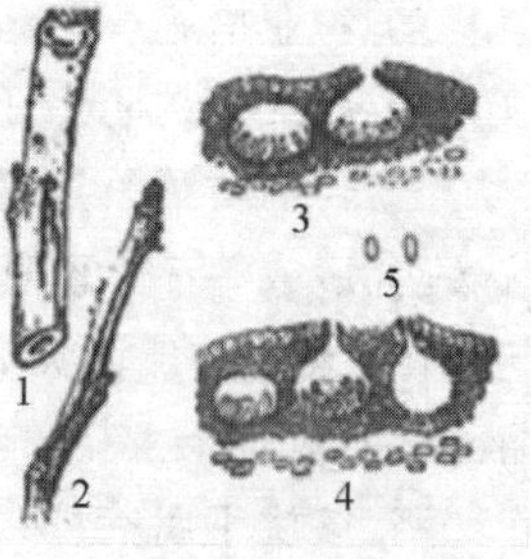

1.2.症状　3.分生孢子器
4.子囊壳　5.子囊孢子
图11－12　核桃溃疡病

(3)病原　病原无性阶段为半知菌亚门的小穴壳菌属(*Dothiorella gregaria* Cacc)。春季发生的病斑上，当年秋季形成分生孢子器；秋季发生的病斑则在翌年春季形成孢子器。分生孢子器暗色球形，生于寄主表皮下，后外露，单生或集生，分生孢子大小为97～233×97～184微米。有明显子座，后期突破表皮，孔口外露，分生孢梗短不分枝。

(4)病害循环及流行　核桃溃疡病主要以菌丝体、分生孢子和子囊孢子在病斑上越冬。翌年4月当气温上升到11～15℃，病斑开始扩展，5～6月份气温达17～25℃时为发病高峰期，7～8月份气温达30℃以上时病势减缓。9月份是第二次发病高峰期，借风雨传播，多从皮孔、伤口侵入。从侵入到发病潜育期15～60天，从发病到形成孢子器需要60～90天。

凡是土壤瘠薄，土质黏重，排水不良，地下水位高，管理粗放，不施肥，不修剪，冻害重，枝干虫害严重的果园，一般树势较弱，发病严重。

(5)防治方法

①农业措施　防旱排涝，改良土壤，增施有机肥，科学修剪，做好枝干病虫害的防治。冬季树干涂白，防止冻伤日灼。

②药剂防治　定期检查，刮除病斑，刮后病斑枝干用3波美度石硫合剂或1%硫酸铜液消毒。4、5、9月份各喷1次杀菌剂，药物选用70%甲基硫菌灵200倍液，或50%多菌灵可湿性粉剂200倍液，主要对主干大枝喷药或涂刷药液。

5. 核桃干腐病(*Macropho macaryae* Yu.)

(1)分布及危害　核桃干腐病分布于湖南、江西、安徽、云南和山东等地，近年在渭南临渭、蒲城、澄城等地发生普遍。

(2)症状　主要危害3～7年生幼树主干，也危害枝梢和果实。染病主干从根颈至2～3米处，以及主枝向阳面。初期出现黑褐色近圆形微突起病斑，直径0.5～2厘米，用手指按压，有汁液流出，病斑不断扩大，常数个病斑纵向连成梭形黑褐色大斑，后期可达半边或大半边树干和主枝，在大块病斑上表皮下散生或集生小点粒，后期突破表皮外露，为病原菌的分生孢子器，病斑下面木质变浅灰色，后期病斑连片树皮变褐色枯死。

果实感病初期病斑近圆形，暗褐色，大小不等。后期病斑扩展整个果实，果面产生多数微突起的黑色点粒物，为病菌子实体，病果易脱落。

(3)病原　核桃干腐病由子囊菌亚门的核桃囊孢壳菌(*Physalospora juglandis* Syd et Hara)侵染所致。子囊壳球黑色，单个或多个聚生于树皮病斑组织内，后突破表皮而外露，直径161～179微米。子囊无色棒状，上端钝圆，有短柄，大小为68～93×

10～19 微米，有侧丝。子囊孢子在子囊内双行排列，椭圆形，单胞，无色或淡黄色，大小 21.1×10.3 微米。

核桃干腐病的无性阶段为半知菌亚门的大茎点属（*Macrophoma*）菌，分生孢子器生于枝干病斑表皮下，圆形或扁圆形，有孔口，黑褐色，大小为 289×190 微米。分生孢子长椭圆形，无色，单细胞，大小为 19.4×22.1 微米。子座生于枝干病斑表皮下，分生孢子成熟后突破表皮外露。

（4）病害循环及流行　核桃干腐病以菌丝和子囊壳在核桃病斑组织内越冬，翌年春夏气温回升，雨量充沛时，子囊孢子成熟，借风从枝干皮孔或伤口垂死组织侵入。菌丝在病皮韧皮部潜育扩展，形成病斑。夏秋之际，子囊孢子和分生孢子成熟，靠风雨传播蔓延。

核桃囊孢子菌是一种兼性寄生菌，当炎热夏季高温季节，幼树的主干和主枝向阳面受到灼伤，加上干旱失水，皮孔失去控制能力，病菌侵入。干腐病受立地条件影响大，栽植在土层深厚，疏松肥沃，中性偏碱的土壤中，发病株率较干旱瘠薄，过酸、黏重的土壤轻。咖啡木蠹蛾危害枝干严重树，伤口多利于病菌侵入，发病株率 10%～17%。

（5）防治方法

①农业措施　加强管理，增施有机肥，少施氮肥，增强树势，提高树体抗病力；休眠期结合修剪，做好清园工作，减少或消灭病菌侵染源。

②树干涂白　秋冬季或早春对树干涂白，预防日灼、虫伤和冻伤，减少病菌侵入。

③药剂防治　对初发生小块病斑的植株，用氯化锌、甘油、95%酒精配成混合剂涂抹治疗。先用针束在小块的病斑上刺多次，然后用毛笔蘸药液涂抹病斑，每两天涂药 1 次，连涂 3 次。或喷施 80%乙蒜素 200 倍液。

对已形成大块相连的病斑，可采用刮治法，即用刮刀彻底削去病部组织，包括已变色的木质部，然后用波尔多液涂抹保护伤口。也可用40%福美砷可湿性粉剂50～80倍液，或50%甲基托布津可湿性粉剂50倍液，或50%退菌特可湿性粉剂50倍液进行涂抹消毒。同时加强水肥管理，提高治疗效果。

6. 核桃丛枝病

(1)分布及危害　核桃丛枝病又名核桃粉霉病、核桃霜点病。主要危害核桃侧枝，幼树主干的萌蘖枝上也有发生。

(2)症状　感病后病枝上的叶片小，边缘微卷曲，初生的新叶带红色。每年5月间病叶出现不规则褪绿黄斑，病叶背面密生霜霉状白粉，有时叶正面也有白粉，即病原菌的分生孢子梗和分生孢子。这些病叶枝到秋末会形成较多的侧芽，翌年表现簇生症状。6月份后病叶大部分边缘焦枯脱落，当年才发新叶，又生病长出白粉。这部分枝条过冬多冻死，数年后整个树冠变成大小不等的簇生丛枝，树逐渐死亡。

(3)病原　病原菌为半知菌亚门中的核桃微座孢菌(*Microstroma juglandis* Sace)。该菌在叶片的气孔下形成子座圆形或圆锥形，结构疏松，由许多平行的菌构成，大小45～60×25～39微米。分生孢子梗密集成丛，生于子座顶部，突出寄主组织表面，棍棒状，大小12～18×5～7毫米。分生孢子6～8个，着生于分生孢梗顶端，长椭圆形，单细胞，无色，大小6.5～8.2×3.3～4微米。

(4)病害循环及流行　每年5月间病叶背面产生霜霉病状白粉，6月以后病叶边缘开始枯焦脱落，翌年发芽时丛枝继续扩展。

(5)防治方法

①发病初期，将病枝连着的大枝及时剪除，可防止进一步蔓延。

②喷65%代森锌或69%烯酰吗啉代森锌可湿性粉剂400～500倍液。

7. 核桃木腐病(*Schizophyllum commune* Fr.)

(1)分布及危害 核桃木腐病主要分布于我国河北、河南、山西、陕西等地。危害严重时可引起整株死亡。

(2)症状 危害核桃木质部,造成木质腐烂,受害处长出覆瓦状、灰白色小型子实体,引起树体死亡。

(3)病原 病原菌为担子菌亚门普通裂褶菌(*Schizophyllum commune* Fr),子实体群生或散生于死树皮上,一年生灰白色,扇形,质韧,宽6～42毫米,菌盖有灰白色毛,菌褶呈辐射状,其边缘纵裂反卷,担子孢子无色,大小4～6×2～3微米。

(4)病害循环及流行 病菌以菌丝体在受害枝干部越冬,翌年产生担孢子,借风雨传播,自日灼树皮裂缝处、锯口处、枯枝等侵入,主要侵染生长势衰弱的树木,危害树皮和边材,引起枝枯死树,干旱、贫瘠的土地,病虫害严重,伤口多,发病重。

(5)防治方法

①农业措施 加强栽培管理,增肥有机肥,灌水松土保墒,增强树势,提高抗病能力。

②药剂防治 及时挖除死树,锯除病枯枝,伤口涂1%～2%的硫酸铜溶液,或50%多菌灵200倍液消毒杀菌,最后对伤口涂抹波尔多液保护。

三、果实病害

核桃果实病害主要有炭疽病、黑斑病等。防治措施;①加强管理,增强树势,提高树体抗病力。秋冬季结合修剪剪除受害枝条,扫除园内枯枝落叶,集中烧毁,消灭越冬病原菌。②冬春季发芽前喷3～5波美度石硫合剂。③发病严重的核桃园,于5～7月发病期间,喷洒25%戊唑醇乳油1 000～1 500倍液,或50%多菌灵可湿性粉剂1 000倍液,并与1∶2∶200倍波尔多液交替使用。④树干注药防治。利用戊唑醇等药剂,于病害发生期进行树干注药防治。

1. **核桃日灼病**

(1)分布及危害　核桃日灼病各核桃产区均有发生,一般在夏季高温季节发生,特别是果实膨大期,向阳面的果实和枝干都不同程度发生。

(2)症状　夏季6、7月份如连日晴天,气温在37.7℃以上,阳光直射果面或枝干,常引起果实向阳面出现黄褐色圆形或梭形的大斑,严重的病斑可扩展果面的一半以上,逐渐凹陷,青皮干枯粘核壳上,重者引起核桃果实早期脱落减产。受日灼的枝干向阳皮层变褐色或灰褐色翘裂死亡,诱发核桃细菌黑斑病和炭疽病、溃疡病发生危害。严重时引起部分枝条枯死。

(3)病原　系高温烈日暴晒引起的生理病害。特别是天气干旱,土壤缺水,受强烈日光照射,果皮温度升高,蒸发消耗的水分过多,果皮细胞遭受高温而灼伤。

(4)防治方法

①枝干涂白　枝干涂白能降低阳光照射温度,使向阳面和背阳面温度差异不大。或在高温出现前喷洒2%石灰乳液,减轻伤害。

②灌水、喷水　干旱高温期间及时浇水,供应根部吸收水分,或树上喷水降温,调节核桃园内小气候,降低树体、果实水分蒸腾量,减少发病。

2. **核桃仁霉烂病**(*Fusarium sp. Penicllium eaalicum Carrie. et hom*, *Xanthomonas* sp.)

(1)分布及危害　核桃仁霉烂病各地均有发生,是核桃采收贮存过程中常见病害,核桃仁霉烂轻的降低品质,严重的不能食用。

(2)症状　发病核桃仁,特别是胚乳上,长有绿色、黑色或红色等霉状物,种仁变褐腐烂或僵化,具有苦味和霉味,核桃壳外表症状不明显,但重量减轻,劈开核桃壳可见核桃仁变黑干缩。

(3)病原　病原为半知菌亚门的丛梗孢菌,有5种。

①粉红端孢霉菌(*Trichothecium roseum* (Bull) Link)核桃仁

上产生粉红色霉层,为病菌的分生孢子和菌丝体聚集物。

②青霉菌类(*Penieillium* spp.)受害核桃仁上生有蓝绿色或灰绿色粉层,边缘白色,为菌丝层。

③黑曲霉菌(*Aspergzllus niger* Van Tiegh)受害种仁表面生有黑褐色或黑色大头针状霉状物,为曲霉菌的孢子穗。

④链隔孢菌(*Altermaria* spp.)受害种仁表面生有墨绿色段绒状霉层,边缘白色。

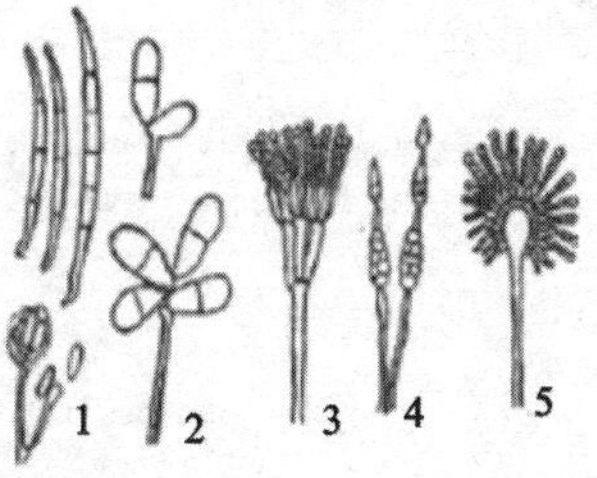

1.镰孢菌 2.粉红端孢霉菌
3.青霉菌 4.链隔孢菌
5.黑曲霉菌

图 11－13　核桃仁霉烂病

⑤镰孢菌(*Fusarium* spp.)分生孢子团散生或群生,暗橙色。

(4)病害循环及流行　上述 5 种类霉菌的分生孢子广泛散布于空气里、土壤中及种实表面。当种仁有创伤、虫蚀等损伤时,上述霉菌孢子萌发后即从伤口侵入。核桃采收后集中堆积,温度高、湿度大或核桃含水量过高,贮藏温度高通风不良,均容易引起核桃种仁霉烂。

(5)防治方法

①适时采收　在核桃绿皮逐渐变黄绿色,部分核桃绿皮开裂时采收。采收的核桃在通风阴凉处堆积 2～3 天,上面用草或塑料膜覆盖。及时脱皮晾晒干,剔除病虫伤果。也可喷 500 倍乙烯催熟脱皮,注意尽量不要喷到叶上,防引起早落。也可将采下的核桃浸泡在 200～500 倍液乙烯溶液中 0.5 分钟,然后放在通风处,2～3 天即可脱皮,减少核桃霉烂。

②熏蒸消毒　贮藏库,果箱用硫磺点燃熏蒸或甲醛消毒。库房要干燥凉爽通风,温度 15℃,相对湿度 70%。

第十二章

采收及采后处理

核桃的采收及果实后期处理对核桃产量和品质影响极大，早实核桃尤为严重。近年来，核桃经营者对适时采收和果实处理缺乏科学认识，普遍存在早采现象，采后果实处理技术落后，或处理不及时，人为导致核桃品质变差，商品率降低，影响收益。

第一节　果实采收与处理

一、果实采收与处理中存在的主要问题

1. 采收期偏早

核桃与其他果树、农作物一样，必须达到充分成熟才能采收。核桃果实即将成熟前的20天，是坚果重、出仁率及其它主要营养成分增长的高峰期。若提前采收，难于脱青皮，种仁不饱满，含油率低，味涩，商品率不高。近年来，渭南各地核桃早采现象严重，对核桃产量和品质影响极大，导致“丰产不丰收”。

2. 脱青皮、晾晒不及时

渭南各地核桃目前多采用堆沤后棒敲脱青皮。由于采收期偏早且集中，同时采收，一起堆沤，如果堆沤时间掌握不好，常出现堆沤时间过长，流出黑色汁液污染果壳，腐蚀果仁，脱皮后的核桃未

能及时清洗。加之秋季多阴雨连绵，无法及时晾晒，导致坚果核仁颜色变深或发霉长毛。

二、适时采收

核桃果实的适时采收，是一个非常重要的环节。采收过早，青皮不易剥离，种仁不饱满，出仁率低，加工时出油率也低，而且不耐贮藏。采收过晚，则果实易脱落，同时果实在青皮开裂后停留的时间过长，也会增加受霉菌感染的机会，导致坚果品质下降。只有适时采收，才能保证核桃优质高产目标的最后实现。

核桃果实的成熟期，因品种和气候条件不同而异。早熟与晚熟品种的成熟期，可相差 10～25 天。一般来说，北方地区的成熟期多在 9 月上旬至中旬。同一品种在不同地区的成熟期有所差异。同一地区内的核桃，成熟期也有所不同，平原区较山区的成熟早，低山地的比高山地的成熟早，阳坡较阴坡的成熟早，干旱年份的较多雨年份的成熟早。因此，核桃的具体采收期，应当根据影响核桃成熟早晚的多种因素来确定。

1. 采收时期

核桃果实成熟的外观形态特征是：青果皮由绿变黄，部分顶部开裂，青果皮易剥离。此时果实的内部特征是：种仁饱满，幼胚成熟，子叶变硬，风味浓香。这时，是果实采收的最佳时期。目前生产中，有的地方采收核桃果实多数偏早，影响产量和品质，应予以改进。

2. 采收方法

核桃采收方法有人工采收法和机械震动采收法两种。

(1)人工采收　在果实成熟时，用竹竿或带弹性的长木杆敲击果实所在的枝条，或直接触落果实。这是目前我国核桃产区普遍采用的方法。其技术要点是，敲打时应从上至下，从内向外，顺枝进行，以免损伤枝芽，影响翌年产量。

(2)机械震动采收　果实采收前10～20天，在树上喷布0.05%～0.2%浓度的乙烯利催熟，然后用机械震动树干，使果实震落到地面，这是近年国外试用的方法。此法的优点是青皮容易剥离，果面污染轻；缺点是用乙烯利催熟，往往会造成叶片大量早期脱落而会削弱树势。

三、果实处理

1.脱青皮

(1)堆沤法　是我国传统的核桃脱皮方法。其技术要点是：果实采收后及时运到室外阴凉处或室内，切忌在阳光下曝晒，然后按50厘米左右的厚度堆成堆(堆积过厚易腐烂)。若在果堆上加一层厚10厘米左右的麦糠或干树叶，则可提高堆内温度，促进果实后熟，加快脱皮速度。一般堆沤3～5天，当青果皮离壳或开裂达50%以上时，即可用棍敲击脱皮。对未脱皮者可再堆沤数日，直至全部脱皮为止。堆沤时切勿使青皮变黑，甚至腐烂，以免污液渗入壳内污染核仁，降低坚果品质和商品价值。

(2)药剂法　由于用堆沤脱皮法往往果实脱皮时间长，工效低，污染率高，商品质量影响较大，所以积极推广药剂脱皮法。其具体做法是：果实采收后，经在0.3%～0.5%乙烯利溶液中浸蘸约半分钟，再按50厘米左右的厚度堆在阴凉处或室内，保持温度30℃、相对湿度80%～90%，经5天左右离皮率可高达95%以上。如果堆上加盖一层厚10厘米左右的麦糠或干草，两天左右即可离皮。据测定，此法的一级果比堆沤法高52%，核仁变质率下降到1.3%，缩短脱皮时间5～6天，且果面洁净美观，核仁黄亮，商品率大大提高。乙烯利催熟时间的长短和用药浓度的大小与果实成熟度有关，即果实成熟度高，用药浓度低，催熟时间短。由于乙烯利属于内源激素，不会对食品安全造成威胁。

2. 坚果漂洗

核桃脱青皮后作为商品出售,应先进行洗涤,清除坚果表面残留的烂皮、泥土和其他污染物,必要时核桃要进行漂白处理,以提高坚果的外观品质和商品价值。洗涤的方法是:将脱皮的坚果装筐,把筐放在水池中(处在流水中最好),用竹扫帚搅洗。在水池中洗涤时,应及时换清水,每次洗涤5分钟左右,洗涤时间不宜过长,以免脏水渗入壳内污染核仁。如不需漂白,即可将洗好的坚果摊放在席箔上晾晒。除人工洗涤外,也可用机械洗涤,其工效较人工清洗高2~3倍,成品率高10%左右。目前我国多数核桃产区群众对这一点重视不够。

对用于出口外销的坚果,洗涤后还需漂白。具体做法是:

在陶瓷缸内(禁用铁制容器),先将次氯酸钠(漂白精,含次氯酸钠80%)溶于5~7倍的清水中,然后再把刚洗净的核桃放入缸内,使漂白液浸没坚果,用木棍搅拌3~5分钟。当坚果壳面变为白色时,立即捞出并用清水冲洗2次,接着晾晒。只要漂白液不变浑浊,即可连续漂洗(一般1缸漂白液可洗7~8批)。如选用漂白粉漂洗时,先把0.5千克漂白粉加温水3~4升溶解开,滤去残渣,然后在陶瓷缸内兑清水30~40升配成漂白液,再将洗好的坚果放入漂白液中,搅拌8~10分钟,当壳面变白时,捞出后清洗干净,晾干。使用过的漂白液再加0.25千克漂白粉即可继续漂洗,每次漂洗核桃40千克。

作种子用的核桃坚果,脱皮后不必进行洗涤和漂白,可直接晾干后贮藏备用。

3. 晾晒

核桃漂洗后,如直接在阳光下曝晒,会导致核壳破裂,核仁变质。洗好的坚果应先在竹箔或高粱秸箔上淋水阴干半天,待大部分水分淋掉、蒸发后再摊放在芦席或竹箔上晾晒。坚果摊放厚度不应超过两层,过厚容易发热,使核仁变质,也不易干燥。晾晒时要经常翻动，以免种仁受光面变为黄色，注意避免雨淋和晚上受潮，一般经过5～7天即可晾干。判断干燥的标准是：坚果碰敲声音脆响，横膈膜易于用手搓碎，种仁皮色由乳白色变为淡黄褐色，种仁含水量不超过8%。晾晒过度，种仁会出油，同样会降低品质。

我国大多数核桃产区在白露前后采收核桃，这时正值秋雨连绵时节，常常导致核仁发霉。因此，产量大时可考虑用火炕烘干或建造烘干炉。火炕烘干时坚果的摊放厚度以不超过15厘米为宜，过厚不便翻动，受热也不均匀，易出现上湿下焦；过薄易烤焦或裂果。烘烤温度至关重要，刚上炕时坚果湿度大，烤房温度以25～30℃为宜，同时要打开天窗，让大量水蒸气排出。当烤到四五成干时，关闭天窗，将温度升到35～40℃；待到七八成干时，将温度又降到30℃左右，最后用文火烤干为止。果实上炕后到大量水气排出之前，不宜翻动果实，经烘烤10小时左右，壳面无水时才可翻动，越接近干燥，翻动越要勤。最后阶段每隔2小时翻一次。也可采用青核脱皮、烘干设备进行脱皮烘烤，脱皮后的湿核桃在烘烤房经过30小时的低温(35～40℃)烘烤即可。

第二节　分级、包装和贮藏

一、坚果分级

根据核桃外贸出口要求，核桃坚果依直径大小分为三等：一等为30毫米以上，二等为28～30毫米，三等为26～28毫米。出口核桃除要求坚果大小符合指标外，还要求壳面光滑、洁白、干燥(核仁含水量不得超过4%)，成品内不允许夹带任何杂果。不完善果(欠熟、虫蛀、霉烂及破裂果)总计不得超过10%。

2006年我国国家标准局颁布的《核桃坚果质量等级》国家标准中，以坚果外观、单果平均重量、取仁难易、种仁颜色、饱满程度、核壳厚度、出仁率及风味等八项指标将坚果品质分为4级。详见表12—1。

表12—1　核桃坚果质量分级指标

项目		特级	Ⅰ级	Ⅱ级	Ⅲ级
基本要求		坚果充分成熟，壳面洁净，缝合线紧密，无露仁、虫蛀、出油、霉变、异味等果。无杂质，未经有害化学漂白处理			
感官指标	果形	大小均匀，形状一致	基本一致	基本一致	
	外壳	自然黄白色	自然黄白色	自然黄白色	自然黄白或黄褐色
	种仁	饱满，色黄白，涩味淡	饱满，色黄白，涩味淡	较饱满，色黄白、涩味淡	较饱满，色黄白或淡琥珀色，稍涩
物理指标	横径(毫米)	≥30.0	≥30.0	≥28.0	≥26.0
	平均果重(克)	≥12.0	≥12.0	≥10.0	≥8.0
	取仁难易度	易取整仁	易取整仁	易取半仁	易取1/4仁
	出仁率(%)	≥53.0	≥48.0	≥43.0	≥38.0
	空壳果率(%)	≤1.0	≤2.0	≤2.0	≤3.0
	破损果率(%)	≤0.1	≤0.1	≤0.2	≤0.3
	黑斑果率(%)	0	≤0.1	≤0.2	≤0.3
	含水率(%)	≤8.0	≤8.0	≤8.0	≤8.0
化学指标	粗脂肪含量(%)	≥65.0	≥65.0	≥60.0	≥60.0
	蛋白质含量(%)	≥14.0	≥14.0	≥12.0	≥10.0

2011年陕西省质量技术监督局颁布了《核桃标准综合体》的《核桃坚果质量等级》中，以坚果外观、品种纯度、单果平均重、取仁难易、出仁率等指标将核桃坚果分为3个等级：特级、Ⅰ级和Ⅱ级。详见表12—2和表12—3。

表 12—2 感官指标

项目		特级	Ⅰ级	Ⅱ级
基本要求		坚果充分成熟,壳面洁净,缝合线紧密,无露仁、虫蛀、出油、霉变、异味等。无杂质,未经化学漂白处理。		
果形		大小均匀,形状一致	基本一致	基本一致
品种纯度(%)		≥95	≥90	≥80
感官指标	外壳	自然黄白色	自然黄白色	自然黄白色或黄褐色
	种仁	饱满,色黄白,涩味淡	较饱满,色黄白、涩味淡	较饱满,色黄白或淡琥珀色,稍涩

表 12—3 理化指标

项目		特级	Ⅰ级	Ⅱ级
物理指标	整齐度(%)	≥95	≥93	≥90
	壳厚度(毫米)	0.8～1.5	0.8～1.8	0.8～3.2
	横径(毫米)	≥30.0	≥28.0	≥26.0
	平均果重(克)	≥12.0	≥10.0	≥8.0
	取仁难易度	易取整仁	易取整仁	易取半仁
	出仁率(%)	≥50.0	≥45.0	≥40.0
	空壳果率(%)	≤1.0	≤2.0	≤3.0
	破损果率(%)	≤0.1	≤0.2	≤0.3
	黑斑果率(%)	0	≤0.1	≤0.2
	含水率(%)	≤8.0	≤8.0	≤8.0
化学指标	粗脂肪含量(%)	≥65.0	≥65.0	≥60.0
	蛋白质含量(%)	≥14.0	≥14.0	≥12.0

二、包装

核桃坚果一般都采用麻袋或纸箱包装。出口商品坚果根据客商要求,每袋重量为 20～25 千克,包口用针缝严并在袋左上角标注批号。

核桃仁出口要求按等级用纸箱或木箱包装。每箱核桃仁净重一般为20～25千克。包装时需采取防潮措施。一般是在箱底和四周衬垫硫酸纸等防潮材料，装箱之后立即封严、捆牢。在箱子的规定位置上印明重量、地址、货号。在包装的过程中要迅速，以最大限度减少核仁在空气中的暴露时间。

三、贮藏

核桃适宜的贮藏温度为1～3℃，相对湿度75%～80%。一般的贮藏温度应低于5℃。一般长期贮藏的核桃含水量不得超过7%。贮藏方法因贮量和所贮时间不同而异。

1. 室内贮藏法

将晾干的核桃装入布袋或麻袋中，放在干燥、通风的室内贮藏。为避免潮湿，最好下垫石块并严防鼠害。此法只能作短期存放，过夏易发生霉烂、虫害和酸败变味。

2. 低温贮藏法

长期贮藏核桃应有低温条件。如贮量不多，可将坚果封入聚乙烯袋中，贮存在0～5℃的冰箱、冰柜中。如大量贮存，可用麻袋包装，贮存于0～1℃的低温冷库中。在无冷库的地方，可用塑料膜做帐，将核桃坚果进行密封贮藏。具体做法是：选用0.2～0.23毫米厚的聚乙烯膜帐密封贮藏，帐的大小和形状根据贮存数量和仓贮条件设置，然后将晾干的核桃坚果封于含氧量2%以下帐内。北方冬季气温低，空气干燥，秋季入账的核桃，不需立即密封，待翌年2月下旬气温逐渐回升时再进行密封。密封应选择低温、干燥的天气进行，使帐内空气相对湿度不高于50%～60%，以防密封后霉变。

四、取仁

1.取仁方法及应注意的问题

我国核桃取仁的方法有人工和机械取仁两种。

人工取仁过程中，须注意果实摆放位置，根据坚果三个方位强度的差异及核仁结构，选择缝合线与地面平行放置，敲击时用力要均匀，防止过猛和多次敲打，以免增多碎仁。为了减轻坚果砸开后种仁受污染，砸仁之前一定要搞好卫生，清理场地，不能直接在地上砸。坚果砸破后要装入干净的筐篓或堆放在铺有席子、塑料布的场地上。剥核仁时，尽量做到戴上洁净手套，仁要装入干净的容器中，然后再分级包装。

2.核仁分级标准

核桃仁主要依其颜色和完整程度划分为八级：

白头路：1/2 仁，淡黄色；

白二路：1/4 仁，淡黄色；

白三路：1/8 仁，淡黄色；

浅头路：1/2 仁，浅琥珀色；

浅二路：1/4 仁，浅琥珀色；

浅三路：1/8 仁，浅琥珀色；

混四路：碎仁，种仁色浅且均匀；

深四路：碎仁，种仁深色。

在核桃仁收购、分级时，除注意核仁颜色和仁片大小外，还要求核仁干燥，水分不超过 4%；核仁肥厚，饱满，无虫蛀，无霉烂变质，无杂味，无杂质。

附 录

Ⅰ.标准性附录

一、核桃生产允许使用的农药

核桃生产中,优先使用中等毒性以下的植物源、微生物源和昆虫生长调节剂,有限量合理使用矿物源农药(S、Cu 制剂),见附表1。

附表1 核桃生产允许使用的农药

通用名	剂型及含量	主要防治对象	稀释倍数	施用方法	最后1次施药距采果的天数(安全间隔期)	实施要点及说明
毒死蜱(乐斯本)	48%乳油	蚧类、蚜虫	1 000～1 500 倍液	喷雾	21	
灭幼脲	25%悬浮剂	刺蛾、尺蠖	800～1 000 倍液	喷雾	25	
吡虫啉	20%浓可溶性粉剂	蚜虫、核桃小吉丁虫	3 000 倍液	喷雾	—	
多菌灵	50%可湿性粉剂	炭疽病、枝枯病	600～800 倍液	喷雾	21	
果富康	21%	腐烂病、溃疡病、枝枯病	400～500 倍液 4～5 倍液	喷雾 涂抹	—	现配现用

续表

通用名	剂型及含量	主要防治对象	稀释倍数	施用方法	最后1次施药距采果的天数(安全间隔期)	实施要点及说明
波尔多液	硫酸铜：石灰：水 0.5：0.5：100	溃疡病、炭疽病、黑斑病	0.5%等量式	喷雾	15	现配现用
硫悬浮剂	50%悬浮剂	红蜘蛛、白粉病	300～400倍液	喷雾	10	气温低于4℃、高于30℃不宜用药
石硫合剂	45%结晶	红蜘蛛、白粉病	300～400倍液	喷雾	10	气温低于4℃、高于30℃不宜用药

二、石硫合剂的熬制与使用

石硫合剂是一种无机杀虫、杀螨、杀菌剂。熬制好的原液为红褐色透明液体，有臭鸡蛋气味，呈强碱性，易溶于水。有效成分是多硫化钙和硫代硫酸钙，容易被空气氧化，降低药效。熬好的药液不及时用时，必须密封或在液面加一层油薄膜与空气隔离，以免被氧化。石硫合剂对人的皮肤有腐蚀作用，在植物上长期连续使用时，容易产生药害。

1. **熬制方法**

硫磺粉1千克，生石灰0.5千克，水5千克。把硫磺粉先用少量水调成稀糊状，生石灰加少许水化开后调成石灰乳，并加足量水煮沸，再慢慢加入硫磺稀糊，边加入边搅拌，同时要中大火力熬煮约 40 分钟，锅内药液由黄色变为红色，再变为深褐色时即熬制成功。在熬制过程中，必须标记锅内水量位置，并要及时加入开水，以补充蒸发失去的水量。熬好的药液冷却后，过滤去杂即为原液，一般可达 23～28 波美度。

2. 使用技术

石硫合剂可防治园林、花卉、果树上的红蜘蛛、介壳虫、壁虱、锈病、白粉病、腐烂病等。使用浓度要根据植物、防治病虫对象、气候条件不同而决定，浓度过大或气温过高过低都容易产生药害，一般冬季及早春使用 5 波美度稀释液；树木芽萌动但尚未开放时，可使用 1～3 波美度稀释液；夏季只能使用 0.3～0.5 波美度稀释液；室内使用不可超过 0.3 波美度。石硫合剂沉渣加入一定量的石灰后可作树木涂白剂，可防治果树腐烂病、溃疡病等。

使用时注意：第一，石硫合剂使用之前，必须用波美比重计测量好原液浓度，根据使用要求，查表或计算出需加水倍数，加水稀释喷洒；第二，原料要求，硫磺粉必须是细面，生石灰必须是优质块状；第三，对桃、李、梅、梨及部分瓜类、豆科花卉易产生药害；第四不宜与油乳剂、松脂合剂、波尔多液、砷酸铅等药混用；第五夏季高温（30℃以上）春季低温（4℃以下）都不宜使用。

三、波尔多液的配制与使用

1. 作用特点和剂型

波尔多液是用硫酸铜、生石灰和水配制成的天蓝色悬浮液，呈微碱性，有效成分为碱式硫酸铜。是果树上常用的防病保护剂，黏着力强，耐雨水冲洗，药效期长达 15～20 天，在植物发病前或发病初期使用效果较好，可防治多种植物病害。

根据植物种类、施药时期和防治病害的种类，选用的硫酸铜、生石灰和水的比例不同。目前使用的有石灰“半量式”“等量式”“倍量式”和“多量式”数种。石灰“半量式”，即生石灰的用量为硫酸铜用量的1/2；石灰“等量式”，即生石灰与硫酸铜用量相等。常用等量式波尔多液为1份硫酸铜、1份生石灰和100～200份水，简写为1∶1∶100～200。石灰倍量式波尔多液的配置为两份生石灰、1份硫酸铜、160～240份水，简写为1∶2∶160～240。

2.配制方法

选用青蓝色有光泽的结晶硫酸铜和优质块状生石灰，用等量的水化开，配成硫酸铜水溶液和石灰水，然后将两者同时倒入另一个容器内(不能用铁器)，并不停地朝同一方向搅拌均匀即成，此法称为两液法。或用1/10的水化开生石灰，调成浓石灰乳，再用9/10的水溶解硫酸铜，配制稀硫酸铜溶液，然后将硫酸铜溶液倒入浓石灰乳中，并不断地用木棒搅拌均匀而成，此法称为稀硫酸铜浓石灰法。采用这两种方法配制的波尔多液，质量好，防病效果好。但应注意：在配制时不可将浓石灰水倒入稀硫酸铜溶液中，否则配制的溶液会很快沉淀，而且易产生药害。波尔多液最好现配现用，不宜久置，以免影响药效。

3.使用方法

波尔多液可直接喷雾使用，一般药效可维持两周左右。防治大田作物及蔬菜病害，常用等量式波尔多液；石灰倍量式200倍液波尔多液可防治核桃、苹果炭疽病、黑斑病、腐烂病等病害。石灰半量式240倍液波尔多液可防治葡萄黑痘病、褐斑病、霜霉病等病害。

4.注意事项

①在作物花期喷波尔多液，喷药时或喷药后遇阴雨及多雾天气容易发生药害，要慎用。②石灰半量式不污染植物，药效快，黏着力差；而倍量式能污染植物，药效慢，安全无药害，黏着力强，在使用时请酌量使用。③配制波尔多液时，硫酸铜和石灰乳的温度不超过室温，否则易产生沉淀，影响质量。④波尔多液不能与肥皂、松脂合

剂、石硫合剂、无机氟杀虫剂、油类、乳剂混用。⑤波尔多液有腐蚀金属的作用，喷雾器施药后要及时清洗，以免腐蚀。⑥果品、蔬菜采收前15天内不要施药，否则既影响外观，又对人有一定毒害。

四、核桃生产规范管理年历

季节	时间	物候期	工作项目	工作内容和技术措施
春季	3月	树液开始流动、顶芽膨大期	1.栽植建园 2.育苗 3.嫁接	1.栽植建园：进行建园规划，确定栽植品种、密度和授粉品种。定植穴0.8～1.0米见方，每穴施农家肥30～50千克。栽植前苗木根系在清水中浸泡12小时左右。栽植时边填土边踩实，土埋至苗木原土痕以上3厘米处，然后浇水，覆地膜，树干涂白。 2.育苗：3月初将核桃种子浸泡在清水中，每天换水1～2次，7天左右将种子捞出摊在土地面上晾晒，种子裂口，进行播种。苗圃地每亩施尿素15千克，磷肥50千克。宽窄行育苗，宽行60厘米，窄行30～40厘米，株距15～20厘米，每亩产苗6 000株左右。 3.苗木嫁接：接穗在先年12月或当年2月初采集，并进行沙藏或窖藏。3月中下旬至4月底，采用皮下舌接、劈接、双舌接等技术。嫁接部位绑紧，用地膜将嫁接部位和接穗缠严，接穗芽处用单层地膜缠严。嫁接后20天左右抹除砧木上的萌芽，促进接穗芽萌发生长。

续表

季节	时间	物候期	工作项目	工作内容和技术措施
春季	4月	展叶开花、授粉及新梢生长期	1.嫁接 2.防霜冻 3.施追肥	1.嫁接:技术同上 2.防霜冻:4月1～10日晚霜危害严重,气温突然降到0℃以下,使核桃花和新梢枯萎。防治办法:听天气预报,出现突然降温到0℃以下时,核桃园内进行烟熏。选育抗霜冻品种。 3.施追肥:以速效氮为主。施肥量幼树每株施尿素100～200克,结果初期每株施尿素300～600克,盛果期每株施尿素800～1 200克,然后浇水。
	5月	幼果发育期	1.嫩枝嫁接、芽接。 2.中耕除草	1.嫩枝嫁接:5月下旬至6月底。采集当年新枝,保留1～2个芽的枝段,采用双舌接、劈接技术,嫁接在实生苗新枝上。用地膜将嫁接部位绑紧缠严,接穗芽处用单地膜包扎,15天左右接穗芽萌动,抹除砧木上的萌芽。芽接:5月下旬至6月底,采用方块芽接、对位芽接等技术。方块芽接是将接穗芽嵌接在砧木上同样大小的方块取皮处,用地膜绑紧缠严。对位芽接是将接穗的护芽肉对住砧木的方块取皮芽凸处,用地膜绑紧缠严。 2.中耕除草:疏松土壤,清除杂草。
夏季	6月	果实膨大期	1.嫩枝嫁接、芽接 2.施肥 3.夏季修剪	1.嫁接技术同上。 2.施肥:6月下旬至7月上旬施氮、磷、钾复合肥。幼树每株施尿素100克,过磷酸钙100克,硫酸钾40克。初挂果树每株施尿素200克,过磷酸钙500～1 000克,硫酸钾200～400克。盛果期每株施尿素400克,过磷酸钙1 000～2 000克,硫酸钾400～800克。 3.夏季修剪:主要控制二次枝,疏除过密枝、病虫枝。

续表

季节	时间	物候期	工作项目	工作内容和技术措施
夏季	7月	硬核期	1.病虫防治 2.中耕除草	1.病虫防治:①防治日灼:用2%的生石灰水喷洒树冠,每半月一次,共2～3次。②防举肢蛾、吉丁虫、黄刺蛾等害虫:用25%灭幼脲3号2 000倍液或50%敌百虫乳油1 000倍液或20%灭扫利2 000倍液喷洒树冠和树冠下地面。 2.中耕除草:清除杂草,疏松土壤。
	8月	脂肪形成积累期	捡拾落果	捡拾落在地面的虫果、病果并进行深埋。
秋季	9月	果实成熟期	果实采收、脱青皮、晾晒	果实成熟的标志是青果皮由深绿色变为淡黄,部分外皮裂口,青果皮易剥落。采用人工采摘或长木杆夹取。青果在0.3%～0.5%的乙烯利溶液浸蘸半分钟捞出,在阴凉通风处堆成50厘米的厚度,上面覆盖厚10厘米的干草,3～5天即可脱皮,然后在清水中刷洗,再进行晾干或烘干。核桃晾干的标准是:坚果碰敲声音脆响,横膈膜用手搓易碎,种仁含水量不超过8%。
	10月至11月	叶变黄、落叶期	1.施基肥 2.清园 3.深翻土壤	1.基肥(厩肥、堆肥等农家肥):根据土壤的肥力、核桃树生长状况和结果量,确定肥料种类和施肥量。可参照如下标准:幼树每株农家肥10～30千克与尿素0.1～0.2千克、过磷酸钙0.3～0.5千克混合施入。结果初期每株农家肥30～50千克、尿素0.3～0.5千克、过磷酸钙1～1.5千克、硫酸钾0.15～0.25千克混合后施入。盛果期每株农家肥80～100千克、尿素0.6～1.5千克、过磷酸钙1.5～2.5千克、硫酸钾0.25～0.5千克混合后施入。施肥方法:在树冠边缘挖宽40～50厘米、深40～50厘米的环状沟,将混合的肥料施入后埋土。 2.清除核桃园枯枝落叶和杂草,集中烧毁或深埋。 3.对核桃园的土壤进行深翻,防止举肢蛾幼虫在土壤中越冬。

续表

季节	时间	物候期	工作项目	工作内容和技术措施
冬季	12月至来年2月	休眠期	1.树干涂白 2.浇水 3.种子沙藏 4.接穗采集、贮藏 5.整形修剪	1.树干涂白:涂白剂配制:生石灰:食盐:硫磺:水=5:2.5:1.5:40,加少量动物油(植物油),或水:生石灰:食盐:硫磺:动物油=100:30:2:1:1混合涂抹树干。 2.冬季修剪:幼树培育丰产树形。主要树形有主干疏层形、自然开心形和自由纺锤形。结果初期培养好主侧枝和结果枝组,及时控制二次枝,处理好背下枝。盛果期控制结果部位外移,解决好通风透光,不断更新结果枝组。 3.有条件的地方浇一次越冬水。 4.育苗核桃种子2月份用清水浸泡3~5天,每天换水,然后进行沙藏,3月份即可播种育苗。 5.冬季采集接穗后,放在背阴干燥处进行沙藏或放在窖内贮藏。

五、核桃主要病虫害防治年历

月份	物候期	主要病虫害	技术要点
1	休眠期	病害:腐烂病、溃疡病、枝枯病;害虫:吉丁虫、天牛、举肢蛾、刺蛾、介壳虫。	1.挖开根颈部土壤,刮去粗皮,人工捕杀根象甲越冬幼虫和成虫以及芳香木蠹蛾越冬幼虫,半月后埋土、培根,以达到防治根部害虫的目的。 2.刮治腐烂病、溃疡病的病斑,刮病斑时应刮成立茬,并将外围好皮刮去宽0.5~1厘米,刮后用噻霉酮、或络氨铜、或咪鲜胺,原药涂抹病部,或在伤口用70%丙森锌可湿性粉剂50~100倍液涂抹消毒。

续表

月份	物候期	主要病虫害	技术要点
2	休眠期	病害：腐烂病、溃疡病、枝枯病；害虫：吉丁虫、天牛、举肢蛾、刺蛾、介壳虫。	1.结合修剪，剪除病虫枝、僵果、卵块、虫果、虫茧，集中烧毁。 2.修剪的剪口要用封剪油涂抹。
3	萌芽期	病害：腐烂病、溃疡病、枝枯病、黑斑病；害虫：吉丁虫、天牛、举肢蛾、刺蛾、介壳虫、蛴螬。	1.发芽前树上挂半干核桃枝，诱集黄须小蠹成虫产卵，6月上中旬集中烧毁。 2.发芽前仔细喷布3～5波美度的石硫合剂，防多种病虫害。 3.结合果园春耕地，在每株树盘内撒施15%毒死蜱颗粒剂0.1～0.2千克，然后浅耙混土，消灭举肢蛾、蛴螬等越冬害虫。 4.结合修剪，剪除病虫枝、僵果、卵块、虫果、虫茧，集中烧毁。
4	开花展叶期	病害：黑斑病、白粉病、腐烂病、溃疡病、枝枯病；害虫：吉丁虫、天牛、举肢蛾、金龟子、核桃扁叶甲。	1.刮治腐烂病、溃疡病病斑和膏药病病菌膜，集中烧毁病皮。 2.开花后喷布3%中生菌素粉剂1 000～1 200倍液或86.2%氧化亚铜粉剂1 200～1 600倍液，防治黑斑病。 3.展叶后，用30%苯醚甲环唑悬浮剂3 000～4 500倍液，或65%代森锌可湿性粉剂600～800倍液防治多种病害。 4.萌芽和展叶期，分别喷洒40%毒死蜱1 000倍液，40%马拉·毒死蜱1 000～1 500倍液，7～10天再喷一次，连续2～3天，防治核桃害虫。
5	坐果期	病害：黑斑病、腐烂病、溃疡病、枝枯病等；害虫：吉丁虫、天牛、举肢蛾、刺蛾、介壳虫、金龟子。	1.喷布3%的中生菌素粉剂1 000～1 200倍液或86.2%氧化亚铜粉剂1 200～1 600倍液，防治黑斑病。 2.枝枯病、溃疡病、腐烂病发病初期，在新病斑涂抹噻霉酮或70%丙森锌可湿性粉剂50～100倍液。 3.黑光灯和糖醋液（糖醋液配方：红糖：醋：白酒：水＝6：3：1：10，加洗洁精少许）诱杀害虫。 4.蛀果和食叶害虫等，可分别选喷1.8%阿维菌素2 000～3 000倍液，或40%毒死蜱1 000倍液，或70%吡虫啉水分散粒剂8 000～10 000倍液，或10%吡虫啉3 000～5 000倍液喷雾防治，连续2～3次。

续表

月份	物候期	主要病虫害	技术要点
6	果实膨大期	病害：炭疽病、黑斑病、褐斑病、灰斑病、枝枯病、溃疡病等；害虫：吉丁虫、天牛、举肢蛾、刺蛾、介壳虫、金龟子。	1.6月上旬，用30%苯醚甲环唑悬浮剂3 000～4 500倍液，或65%代森锌可湿性粉剂600～800倍液，或70%甲基硫菌灵可湿性粉剂1 000～1 500倍液，或30%己唑醇悬浮剂6 000～9 000倍液防治叶部病害。 2.枝枯病、溃疡病、腐烂病发病初期，在新病斑涂抹噻霉酮或70%丙森锌可湿性粉剂50～100倍液。 3.黑光灯和糖醋液诱杀害虫。 4.蛀果和食叶害虫等，可分别选喷1.8%阿维菌素2 000～3 000倍液，或40%毒死蜱1 000倍液，或70%吡虫啉水分散粒剂8 000～10 000倍液，或10%吡虫啉3 000～5 000倍液喷雾防治，连续2～3次。
7	果实硬核期	病害：炭疽病、白粉病、褐斑病、灰斑病、溃疡病、枝枯病、木腐病、腐烂病；害虫：豹纹木蠹蛾、举肢蛾、黄刺蛾、小吉丁虫、天牛、大青叶蝉。	1.剪除虫枝、虫果、病叶、落果，集中烧毁或深埋，减少病虫害危害来源。 2.用1.8%阿维菌素2 000～3 000倍液，40%毒死蜱1 000倍液，或70%吡虫啉水分散粒剂8 000～10 000倍液，或10%吡虫啉3 000～5 000倍液喷雾，连续2～3次，防治蛀果和食叶害虫及枝梢害虫。 3.用30%己唑醇悬浮剂6 000～7 000倍液，或65%代森锌可湿性粉剂600～800倍液，或70%甲基硫菌灵可湿性粉剂1 000～1 500倍液，或30%苯醚甲环唑悬浮剂3 000～4 500倍液，或70%丙森锌可湿性粉剂500～800倍液喷雾，10天再喷一次，连续2～3次预防核桃病害。 4.7月初在树上悬挂饵木，诱杀吉丁虫产卵。

续表

月份	物候期	主要病虫害	技术要点
8	核仁充实期	病害：炭疽病、白粉病、褐斑病、灰斑病、溃疡病、枝枯病、木腐病、腐烂病；害虫：豹纹木蠹蛾、举肢蛾、黄刺蛾、小吉丁虫、天牛、大青叶蝉。	1. 人工摘除病虫果、病叶、剪除病虫枝，捡拾落果，集中烧毁或深埋，减少炭疽病、枝枯病病菌再侵染。 2. 用 40%马拉·毒死蜱 1 000～1 500倍液，或 2.5%高效氯氟氰菊酯 1 000～1 500倍液，或 70%吡虫啉水分散粒剂8 000～10 000 倍液，或 10%氯氰菊酯乳剂 6 000～8 000 倍液喷雾，连续 2～3 次，防治蛀果和食叶害虫及枝梢害虫。 3. 用 30%已唑醇悬浮剂 6 000～7 000倍液，或 65%代森锌可湿性粉剂 600～800 倍液，或 70%甲基硫菌灵可湿性粉剂 1 000～1 500 倍液，或 30%苯醚甲环唑悬浮剂 3 000～4 500 倍液，或 70%丙森锌可湿性粉剂 500～800 倍液喷雾，10 天再喷一次，连续 2～3 次预防核桃病害。
9	果实成熟期	病害：核桃仁霉烂病、腐烂病、枝枯病、溃疡病；害虫：小吉丁虫、举肢蛾、介壳虫。	1. 摘虫果、剪除虫枝、捡拾落果，集中深埋或烧毁，消灭蚱蝉的卵、果象甲和举肢蛾的幼虫；采收时防止果实损伤，贮藏时剔除虫蛀果实，减少病害发生。 2. 包装用的麻袋、仓库等，用甲醛或硫磺密闭熏蒸消毒，杀灭病菌。 3. 贮藏期间，应保持低温、通风、防止潮湿，不利于核桃仁霉烂病病菌侵染发病，有条件的可在专用冷库贮存。 4. 将以前设置的饵木取下，集中烧毁。
10	落叶前期	病害：腐烂病、溃疡病、枝枯病；害虫：小吉丁虫、举肢蛾、刺蛾、介壳虫。	1. 结合施基肥，深刨树盘，将残留碎叶、碎草翻入土壤深层，同时熟化土壤；在举肢蛾、缀叶螟等幼虫入土结茧前，在每株树盘内撒施 15%毒死蜱 0.1～0.2 千克，消灭入土幼虫。 2. 10 月份喷施 86.2%氧化亚铜粉剂 600～800 倍液，或 45%晶体石硫合剂 150 倍液，杀灭附在树体上的枝枯病、溃疡病、腐烂病病菌。

续表

月份	物候期	主要病虫害	技术要点
11	落叶期	病害：腐烂病、溃疡病、枝枯病；害虫：天牛、举肢蛾、刺蛾、介壳虫。	1. 彻底清除病虫枯枝、落叶、落果，铲除杂草集中烧毁。 2. 刮除树干和锯口处的翘皮、粗皮，破坏害虫越冬场所。 3. 树干涂白。 4. 封冻前深翻树盘，将下层土翻到上层，消灭在土中越冬的各种虫态。 5. 刮治腐烂病、溃疡病的病斑，刮病斑时应刮成立茬，并将外围好皮刮去宽0.5～1厘米，刮后用噻霉酮、或络氨铜、或咪鲜胺，原药涂抹病部，或在伤口用70%丙森锌可湿性粉剂50～100倍液涂抹消毒。 6. 清园。用3～5波美度的石硫合剂喷雾。
12	休眠期	病害：腐烂病、溃疡病、枝枯病；害虫：天牛、举肢蛾、刺蛾、介壳虫。	1. 彻底清除病虫枯枝、落叶、落果，铲除杂草集中烧毁。 2. 刮除树干和锯口处的翘皮、粗皮，破坏害虫越冬场所。 3. 树干涂白，涂白剂配方：水：生石灰：食盐：硫磺：植物油＝100：30：2：1：1。 4. 封冻前深翻树盘，将下层土翻到上层，消灭在土中越冬的各种虫态。 5. 刮治腐烂病、溃疡病的病斑。

六、陕西省地方标准核桃标准综合体(部分)

核桃嫁接苗培育技术规程

DB61/T322.1～2011

1.范围

本标准规定了核桃嫁接苗培育的圃地选择与整理、砧木苗的培育与嫁接、苗木的假植与包装运输等技术。

本标准适用于核桃嫁接苗的培育、调运。

2.规范性引用文件

下列文件对于本文件的应用是必不可少的。凡是注日期的引用文件,仅注日期的版本适用于本文件。凡是不注日期的引用文件,其最新版本(包括所有的修改单)适用于本文件。

3.采穗圃建设

3.1 新建

3.1.1 圃地选择

地势平坦,土壤肥沃、疏松,土层厚1米以上,具备灌溉条件。

3.1.2 苗木要求

品种清楚,当地良种,I级壮苗。

3.1.3 栽植

3.1.3.1 密度

3米×3米或3米×4米,每亩55～74株。

3.1.3.2 方法

按照DB/T322.3～2011规定要求进行。

3.2 改建

3.2.1 划管

对品种清楚、符合当地良种要求、生长健壮、立地条件好、树龄为幼龄的核桃园,可划为临时采穗圃。

3.2.2 改建

对立地条件好、生长健壮、树龄为幼龄的实生核桃园,可通过高接改建为采穗圃。

3.3 管理

3.3.1 整形修剪

树形以开心形为主,主干疏层形为辅。树形标准及整形方法见 DB61/322.3～2011。修剪分为冬剪和夏剪。冬剪在萌芽前20～30天进行,结合修剪,采集穗条。方法是回缩发育枝,疏除重叠枝、过密枝、细弱枝。新划管的采穗圃第1年,树势弱的、立地条件差的采穗圃重回缩或重短截;树势旺、立地条件好的地块轻回缩。夏剪在5月20日之后进行,结合采集穗条,疏除过密枝、核桃幼果,后期对徒长枝摘心。

3.3.2 土壤管理及病虫害防治

土壤管理按照 DB/T 322.3～2011 规定方法进行。病虫害防治方法参见附录 A 和附录 B。

4. 苗木培育

4.1 砧木苗的培育

嫁接苗一般采用普通核桃(*Juglans regia* L.)实生苗作砧木,严禁使用核桃楸(*J. mandshurica* maxi m.)、野核桃(*J. cathayensis* Dode.)、铁核桃(*J. sigillata* Dode.)。

4.1.1 苗圃地选择

圃地选择地势平坦、土壤肥沃、土质疏松、土层厚1米以上、排水良好、具灌溉条件、地下水位2米以下、光照充足的沙壤土或壤土。不宜2年以上重茬连作。

4.1.2 整地作床

先年秋末亩撒施农家肥 4 000～5 000 千克、磷肥 50～70 千克，将圃地全面翻耕1次，深度25～30厘米，并及时耙平保墒。翌年春育苗前，全面浅耕，深度15～20厘米，耙平整细作床或作垄。床面宽1～1.5米，步道宽40厘米左右，床面低于步道15～25厘米，苗床长度随地形而定，一般10～20米。垄作时，垄高20～30厘米，垄顶宽15～25厘米，垄中心距70厘米，垄长20～30米。

4.1.3　种子选择

选择充分成熟、种仁饱满、个大均匀、无病虫害、无霉变、自然干燥的新核桃坚果作播种用种。烘干的核桃坚果不能用作种子。

4.1.4　种子储藏

春播需进行种子储藏。种子储藏方法可选择以下任意一种方法。

4.1.4.1　沙藏

土壤冻结前，选排水良好、背风向阳、无鼠害的地方挖储藏坑，坑深60～100厘米，宽100～150厘米，长度以种子多少而定。沙藏前，将种子用冷水浸泡2～3天.先在坑底铺一层10厘米厚的湿沙(手握成团而不滴水，含水量约为30%)，其上放一层核桃，然后用湿沙填满空隙，厚约10厘米，依此分层铺放，直至距坑口20厘米处，用湿沙填平，上用土堆成屋脊形，在坑的中间竖一草把，草把上露头，下至坑底。坑长时，每隔1.5米竖一草把。储藏坑四周开排水沟。翌年3月，当50%的坚果裂口长出新根时，即可直接播种。储藏时间应在50天以上。

4.1.4.2　干藏

将种子装于麻袋等容器中，置于干燥、阴凉处。

4.1.5　种子处理

春播需对干藏的种子进行催芽处理。种子处理方法可选择以下任意1种方法。

4.1.5.1　冷水浸种

将种子放入冷水中浸泡7～10天，每天换水1次，待20%的种子裂口后，捞出晾晒1～2小时后播种。

4.1.5.2　温水浸种

将种子放入水温80℃的水缸中，立即用木棍搅动，使其温度降至常温，泡8～10天，每天换水1次，待种子膨胀裂口后，捞出晾晒1～2小时后播种。

4.1.5.3　开水烫种

将种子放入缸内，边搅拌边倒入沸水，使种子全部浸没，2～3分钟后，立即加入适量凉水，使其自然冷却，然后每天换水1次，浸泡3～5天，待种子膨胀裂口后，捞出晾晒1～2小时后播种。此法适用于中厚壳核桃种子及在播种时间紧的情况下采用。

4.1.6　播种时间

秋播在核桃采收后到土壤冻结前进行，即10月下旬到11月下旬。春播在土壤解冻后进行，即3月中旬到4月底。

4.1.7　播种方法

开沟点播，行距60厘米，株距15厘米。摆放种子时，种子的缝合线与地面垂直，种尖朝向一侧。覆土厚度5～10厘米。

4.1.8　播种量

每亩播种75～100千克。

4.1.9　苗期管理

4.1.9.1　留苗量

亩留量4 000～6 000株。

4.1.9.2　施肥灌水

5～6月灌水2～3次，结合灌水亩施尿素10千克/次。7～8月根据雨情决定是否灌水，雨后或灌水后追施磷肥、钾肥2次，禁施尿素等氮肥。11月灌封冻水1次。翌年萌芽前平茬，亩施复合肥30千克。

4.1.9.3　中耕除草

苗木生长季节中耕除草3～4次，幼苗前期、中耕深度2～4厘米，后期逐步增加到 8～10 厘米。保持土壤疏松、无杂草。

4.1.9.4 病虫害防治

及时防治病虫害。具体方法参见附录 A 和附录 B。

4.2 嫁接

4.2.1 选择品种

选择经国家、省级审(认)定、当地表现良好的品种 2～4 个。

4.2.2 采穗母树要求

品种清楚、生长健壮、无病虫害、中幼龄，枝条充实健壮、木质化程度高、芽体饱满、1 年生发育枝。

4.2.3 穗条的采集与贮藏

在核桃树萌芽前 20～30 天采集接穗，即迎春花开后。采下的穗条立即蜡封，20 根或 30 根一捆，加带标签，放入地窖或冷库内储藏，上覆湿麻袋或湿草帘。芽接在生长季节采集接穗，采下的接穗去掉叶子留部分叶柄，基部浸入带水的桶内，随采集随嫁接。

4.2.4 嫁接方法

4.2.4.1 芽接

关中在 5 月 20 日至 6 月 20 日嫁接，陕北南部在 6 月中旬至 7 月中旬嫁接，陕南可适当提前，即在砧木、母树枝条半木质化后的一个月内进行嫁接。方法采用方块形芽接，嫁接部位距地面不超过 30 厘米，15～20 天检查成活情况，未成活的及时补接。

4.2.4.2 枝接

露地枝接在砧木发芽至展叶期进行，方法可选用插皮舌接、插皮接、劈接、双舌接。嫁接的砧木应在 2 年生以上，地径达 2 厘米以上。接前 3～5 天对砧木进行放水处理。

4.2.5 接后管理

嫁接成活后，及时除萌，芽接在接芽上方 1 厘米处剪砧并解除绑扎物。枝接接后 1 月左右解除包扎物。以后随着苗木的生长，绑设防风杆，除萌，摘心，加强水肥管理，8 月后禁施氮肥、控制灌水，促进苗木木质化。

5. 苗木出圃

秋季苗木落叶后至土壤封冻前或翌年春季土壤解冻后至发芽前起苗。起苗时防止损伤树皮，保护好根系，剪去受伤根、过长根。

6. 苗木假植

6.1 临时假植

苗木分级后到起运前，以及苗木运达栽植地到栽植超过24小时的苗木，均要进行临时假植。

6.2 长期假植

越冬苗木应进行长期假植。

6.3 假植方法

选背风、排水良好的地方挖假植沟。沟深1米、宽1～1.5米，长度依苗木数量而定。假植时，将苗木单层倾斜摆放于沟内，用湿土或湿沙填埋，埋至苗木高度的2/3处即可，根部压实，以此类推。假植的苗木应挂标签，注明沟号、品种、数量、等级、假植日期，并绘制假植示意图。

7. 包装运输

7.1 具备植物检疫合格证、苗木检验合格证、品种证明的苗木方可调运建园。

7.2 苗木20～30株一捆，用湿草袋或麻袋等包装，并于根部填充湿锯末。

7.3 每捆及外包装加挂标签，注明品种、数量、等级、出圃日期、产地及单位等。

7.4 苗木运输途中应用篷布包严，注意防晒、防风干。

核桃丰产栽培技术规程

DB61/T322.3～2014

1.范围

本标准规定了核桃良种丰产园的栽植区划分、园址选择、整地、良种选择、苗木、栽植密度、授粉树配置、栽植技术、栽后管理、间作、整形修剪、土壤管理、施肥、灌水、疏果、主要病虫害防治、采收处理的要求。

本标准适用于陕西省核桃建园、丰产栽培管理。

2.规范性引用文件

下列文件对于本文的引用是必不可少的。凡是注日期的引用文件，仅注日期的版本适用于本文件。凡是不注日期的引用文件，其最新版本(包括所有的修改单)适用于本标准。

DB61/T 322.1 核桃嫁接苗培育技术规程

DB61/T 322.2 核桃嫁接苗木质量等级。

3.栽植区划分

3.1 渭北区

北界以宜川县北界向西经甘泉县城到陕甘边界，南界以合阳县城为中心，向东到陕晋边界，向西经澄城、白水、旬邑、长武县城到陕甘边界。

3.2 关中区

北界为渭北区南界，南界为秦岭北山脚线。

3.3 秦巴山地区

北界为秦岭北山脚线，南界为陕西南界。

4. **园址选择**

4.1　气候

年平均气温 9℃～16℃，绝对最低气温－25℃以上，绝对最高气温 40℃以下，年降水量 500～1 200 毫米，年日照时数 2 000 小时以上，无霜期 180 天以上。

4.2　地形

选择平地或背风向阳的缓坡丘陵地（坡度＜15°）、排水良好的沟坪地。晚霜危害严重的地方，选择在塬地或坡台地栽植，避免在沟谷地建园。

4.3　土壤

选择保水、透气性良好的壤土和沙壤土，土层厚 1 米以上，pH 值 7.0～7.5，地下水位深于 2 米。

4.4　前茬树种

不可为苹果、柳树、杨树、槐树和核桃。

4.5　环境

周边无大气、水质、土壤污染。

4.6　排灌

排水方便，具备灌溉条件。

5. **整地**

5.1　平地栽植时，先全面整地，然后挖栽植穴。栽植穴规格为 1.0 米×1.0 米×1.0 米。

5.2　缓坡地栽植，先沿等高线修成梯田，然后挖栽植穴，穴的规格为 0.8 米×0.8 米×0.8 米。

5.3　挖栽植穴时，生熟土分开放置。

6. **良种选择**

6.1　每县（区）主栽品种 1～2 个。

集中栽培区，一块园地 1 个品种，不配授粉树。远离集中栽培区的，每块地主栽品种 1 个，配置授粉品种 1 个。

6.2 渭北区

强特勒、香玲、维纳、元林、鲁光、清香、陕核 5 号、辽核 1 号、辽核 4 号等。

6.3 关中区

香玲、鲁光、清香、西扶 1 号、辽核 1 号、辽核 4 号等。

6.4 秦巴山地区

6.4.1 海拔 1 000 米以下

香玲、鲁光、清香、西扶 1 号、辽核 1 号、辽核 4 号、陕核 5 号等。

6.4.2 海拔 1 000 米以上

强特勒、元林、维纳。

7. 苗木

选用Ⅰ、Ⅱ级良种嫁接苗分级栽植，详见 DB61/T 322.2 第 3 章。

8. 栽植密度

8.1 平地

株行距 5 米×6 米栽植，每亩 22 株。

8.2 坡地

株行距 5 米×5 米或 5 米×6 米，每亩 22～26 株。

9. 授粉树配置

授粉树选择花期与主栽品种匹配的良种，按 8～10：1 比例配置。

10. 栽植技术

10.1 栽植时间

秋末冬初或早春均可。春季栽植宜在 3 月中旬至萌芽前进行，秋冬季栽植宜在 10 月下旬至 12 月下旬进行。

10.2 苗木处理

栽植前，将苗木根系浸入 20～25 毫克/千克的 GGR6 号绿色植物生长调节剂溶液中 1.5～2.0 小时。

10.3　栽植

每穴施农家肥 20～50 千克、磷肥 2～3 千克。先将表土与肥料混匀，回填踩实，然后在中心挖一个 40 厘米见方的小穴，将苗木植入、踩实。栽植深度为苗木根茎土痕与地面平。栽后灌足定根水，水渗完后，坑面松土并覆盖细土保墒，用 1～1.5 平方米的地膜覆盖树盘。

11. 栽后管理

11.1　幼树防寒

11.1.1　将秋季新栽幼树慢慢弯倒，堆埋湿润细土 35～45 厘米，并拍实。春季发芽前一周扒去土堆，扶直幼树。

11.1.2　将苗木套上编织袋，袋内装土，直至埋住幼树。春季发芽前一周扒去土堆，扶直幼树。

11.1.3　用稻草、麦草或报纸将树干包扎，外包塑料带。发芽前一周解除包扎。

11.2　截干

对尚未达到定干高度的新栽幼树，在饱满芽上方 2 厘米处短截，剪口涂封。

11.3　抹芽

发芽后留一萌条培养主干，并及时抹除多余的萌芽和砧木萌芽。

11.4　补植

秋季进行成活情况调查。对未成活者，用同品种大苗及时补植。

12. 间作

12.1　要求

定植后至郁闭前，在行间呈带状间作，间作物距树干 1.5 米以上。

12.2　作物种类

间作物选择的原则是低杆、矮冠、浅根性、非攀援、无共同寄主。宜间作豆类、薯类、蔬菜等低杆作物或非宿根性中草药、绿肥等，忌间作苜蓿、小麦、玉米等。

13. 整形修剪

13.1　原则

13.1.1　因树作形，不可强行；

13.1.2　轻剪，不可大拉大砍；

13.1.3　以疏为主，以短截为辅；

13.1.4　修剪留桩。

13.2　整形修剪时期

落叶后一个月内，或萌芽前一月内。

13.3　整形

干性强的品种整成主干疏层形，干性弱的品种整成自然开心形。

13.3.1　树形标准

13.3.1.1　主干疏层形

干高1.2～1.7米，有6～7个主枝，分2～3层配置。第一层主枝3个，水平夹角约120°，主枝基角60°～80°，层内距不小于20厘米，每主枝上配置侧枝2～3个。第二层主枝2个，每主枝上配置侧枝1～2个。第三层主枝1～2个，每主枝上配置侧枝1个。第一侧枝距主枝基部距离40～60厘米。第二侧枝距第一侧枝距离30～50厘米。第二层与第一层间距为1～1.5米，第三层与第二层间距为0.8～1米。若只有两层，层间距应拉大到1.5～2米。

13.3.1.2　自然开心形

干高1.0～1.5米，有3～4个主枝。各主枝基部的垂直距离20～40厘米，相邻主枝间的水平夹角应相近。每个主枝上着生侧枝3个左右，侧枝间错生分布均匀。第一侧枝距主干的距离60厘米左右。一级侧枝上着生二级侧枝。

13.3.2 整形方法

13.3.2.1 定干

机械化耕作园，定干高度1.5～2.0米。人工耕作园，定干高度0.8～1.2米。

13.3.2.2 树形培养

13.3.2.2.1 主干疏层形

定植当年或第二年，选留3个第一层主枝和中央领导干延长枝。3～4年，选留主枝上的1～2个枝条作为一级侧枝，并选留第二层主枝2个。5～6年，培养第一层主枝上的第二或第三侧枝和第二层主枝上的侧枝，并选留第三层主枝。7～8年，选留第二层主枝上的第二侧枝和第三层主枝上侧枝。

13.3.2.2.2 自然开心形

定植后2～3年，按不同方位选留主枝3～4个。3～4年，在各主枝上选留一级侧枝，各主枝上的侧枝错生且均匀分布。4～5年，在第一主枝一级侧枝上选留二级侧枝1～2个，在第二主枝上选留一级侧枝2～3个。

13.4 修剪

13.4.1 幼树、初果期树

培养各级骨干枝，控制顶端优势和背后枝，调整各级骨干枝生长势，利用夏季摘心，培养结果枝组。

13.4.2 盛果期树

13.4.2.1 控制二次枝

在二次枝未木质化之前，剪除生长过旺的二次枝；对结果枝上抽生的3个以上的二次枝，选留1～2个健壮枝，其余全部疏除；夏季对选留的二次枝摘心；对结果枝上只有一个二次枝的，可于春、夏季短截，培养成结果枝组。

13.4.2.2 利用徒长枝

对有空间的徒长枝春季进行短截、夏季进行摘心或短截，培养成结果枝组。

13.4.2.3 疏除过密枝

本着去弱留强的原则，及时从基部疏除过密枝。

13.4.2.4 处理好背上、背下枝

在背下枝萌发后或枝条伸长初期剪除；若原母枝变弱或分枝角度较小，可利用背下枝或斜上枝代替原枝头，将原枝头剪除或培养成结果枝组。

13.4.3 衰老树

加强肥水管理，因树制宜，对老弱枝进行重回缩，充分利用新发枝恢复树冠。

14 **土壤管理**

14.1 松土除草

根据杂草的发生情况，每年松土除草 3～4 次。作到“雨后必锄，有草必锄，灌后必锄”。

14.2 深翻

在土壤条件较差的地方，每年沿着大量须根分布区的边缘向外扩翻，挖宽 40～50 厘米、深 40 厘米左右半圆形或圆形的沟，回填时先回填表层土，再回填底层土。深翻可在深秋初冬季节结合施基肥或夏季结合压绿肥进行。

14.3 浅翻

在土壤条件较好的地方或深翻有困难的地方，每年春、秋季各浅翻一次，深度 20～30 厘米，范围以树干为中心，半径 2～3 米。

15 **施肥**

15.1 肥料种类

15.1.1 有机肥

包括各种农家肥、油渣、绿肥及各种秸秆、杂草、谷壳、麦糠、树叶等。

15.1.2　化肥

包括氮肥、磷肥、钾肥和各种复合肥等。

15.1.3　核桃专用肥

由大量元素 N、P、K、微量元素 B、Zn、Fe 等及有机肥、腐殖质等组成。

15.2　用量

有机肥、化肥施肥量应符合附表 1 的要求，核桃专用肥按产品说明施用。

附表 1　核桃树年施肥量标准表

时期	树龄（年）	每株树平均施肥量（有效成分）/克			有机肥/千克
		氮	磷	钾	
幼树期	1～3	50	20	20	5
	4～6	100	40	50	5
结果初期	7～10	200	100	100	10
	11～15	400	200	200	20
盛果期	16～20	600	400	400	30
	21～30	800	600	600	40
	＞30	1 200	1 000	1 000	＞50

15.3　施肥时期

15.3.1　基肥

在核桃采果后到次年春季萌芽前进行，但以果实采收后至落叶前为好。肥种以有机肥为主。

15.3.2　追肥

每年 2 次，以化肥为主。第一次追肥在开花前，氮肥占全年用量的 70％左右。第二次追肥为果实硬核期，磷肥、钾肥占全年用量的 70％左右。

15.4　施肥方法

基肥、核桃专用肥采用条状沟或环状沟施入。追肥在树冠垂直投影外缘挖 8～10 穴(沟)埋入。

16. **灌水**

有条件的地方在开花及果实膨大期,根据土壤墒情灌水 1～2 次。入冬前结合施肥灌一次封冻水。

17. **疏果**

新建园 3 年内疏除全部雌雄花和幼果,随后视其树势,逐年增加挂果量,使叶果比达到 5∶1 左右。

18. **主要病虫害防治**

18.1　病虫害发生及危害程度

18.1.1　调查树体被害症状、虫害的栖息场所和发病规律等。

18.1.2　病虫害危害程度分级标准按附表 2 执行。

附表 2　受害程度分级表

种 类	受害级	受害程度	被害株率/%
叶部病虫危害	I	轻微	10～30
	II	中等	31～50
	III	严重	51 以上
枝干病虫危害	I	轻微	5 以下
	II	中等	6～20
	III	严重	21 以上
果实病虫危害	I	轻微	5 以下
	II	中等	6～20
	III	严重	21 以上

18.1.3　病虫害调查结果必须详细记录并建立档案。根据病虫的发生、发展动态提出预报和最佳防治时间,同时注意保护和利用天敌。

18.2　防治原则及方法

18.2.1　坚持“预防为主,科学防控”的原则。

18.2.2　加强冬前清园、涂干等管理,提高树体的抗病虫能力。若发现受害程度已达 II 级，应采取物理、化学和生物等综合防治措施。

18.2.3　主要病虫害防治方法见 DB61/T 322.1 中附录 A、附录 B。

19 **采收处理**

19.1　当全树果实青皮由深绿色变为浅黄色，有 1/3 左右的果实果皮自然开裂时即可采收。

19.2　果实采收后，及时进行脱皮、洗净、分级及烘干。

核桃低产园改造技术规程

DB61/T322.4～2014

1.**范围**

本标准规定了核桃低产园的高接换优、树体管理、土壤管理。

本标准适用于产量低、品质差的核桃园改造。

2.**规范性引用文件**

下列文件对于本文的应用是必不可少的。凡是注日期的引用文件，仅所注日期的版本适用于本文件。凡是不注日期的引用文件，其最新版本（包括所有的修改单）适用于本文件。

DB61/T 322.3 核桃丰产栽培技术规程

DB61/T 322.1 核桃嫁接苗培育技术规程

3.**高接换优**

3.1 砧木要求

立地条件较好，树体生长健壮，树龄3～20年生的实生低产核桃树和非目的品种核桃树。

3.2 良种选择

高接品种按照DB61/T 322.3中第6章操作。

3.3 嫁接方法

3.3.1 嫁接形式

春季采用枝接中的插皮舌接进行高接，未成活的夏季采用方块形芽接补接，或直接采用夏季方块形芽接高接。

3.3.2 插皮舌接

3.3.2.1 接穗来源

接穗从专用采穗圃、优良母树或品种可靠的丰产园中采集。

3.3.2.2 采集时间

接穗采集时间为春季核桃树发芽前20～30天。

3.3.2.3　接穗采集

采接穗时，选择树冠中上部基部粗度 1.5 厘米左右，髓心小，枝条充实，芽体饱满，无病虫害的健壮一年生发育枝。采集的接穗，当日入库保存。

3.3.2.4　接穗处理

采下的接穗，按质量要求剔除过粗枝、纯雄花芽枝，保留长度 50 厘米左右，剪口立即蜡封。然后按品种 20～30 根成捆，挂标签，标明品种、数量、来源、采集时间等。

3.3.2.5　接穗贮藏

3.3.2.5.1　冷库贮藏

将湿锯末装入塑料袋中，把处理好的接穗埋在锯末中，将袋口密封置于冷库中，分层放置，忌堆积，温度控制在 2℃～5℃，相对湿度保持在 80%左右。

3.3.2.5.2　地窖贮藏

选择阴凉通风、排水良好的地方，挖深度 1.0 米、宽度 1.2 米、长度 60 厘米左右的坑槽，底部铺 20 厘米厚的湿沙，然后按一层湿沙（厚度 20 厘米）一层接穗放置。共 2～3 层，后覆土 30～40 厘米即可。

3.3.2.5.3　冰柜贮藏

将处理好的接穗置于冰柜中，温度控制在 0℃～5℃。

3.3.2.6　接穗补水

接前，去掉接穗封蜡，基部浸入 1%的蔗糖溶液中 24 小时。

3.3.2.7　物料

3.3.2.7.1　嫁接工具

嫁接刀、修枝剪、手锯、细磨石、人字梯或高板凳等。

3.3.2.7.2　包扎材料

塑料袋、纸袋、塑料绳（条）、报纸等。

3.3.2.8　高接时间

春季发芽后到新梢长到10厘米时进行，即3月下旬至5月上旬。

3.3.2.9 控制伤流

在高接部位以下切(锯)放水口，大树锯口2～3个，要求斜向、相互错开，深度为砧木直径的1/5～1/7；幼树切口1个，深达木质部。

3.3.2.10 嫁接

选择适当位置锯断砧木树干，削平锯口，然后选择砧木光滑处由下至上削去老皮，长6～12厘米，宽2厘米左右，露出皮层。接穗基部削成长6～10厘米的大削面，用手指捏开削面背后皮层，使之与木质部分离。然后将接穗的木质部插入砧木削面的木质部与皮层之间，使接穗的皮层盖在砧木皮层的削面上，最后用塑料条自下而上绑紧接口。

3.3.2.11 接后保湿

砧木接穗固定后，随即用报纸卷一纸筒，从接穗的上端套至接口下，然后用一长25～30厘米、直径10～15厘米的塑料袋套住纸筒，袋的下口要覆盖住接穗插入的下部砧木皮层，塑料袋要封闭不漏气，袋内的空气要排出，上端高出接穗4～5厘米。最后用塑料绳将塑料袋的下口绑紧。

3.3.3 方块形芽接

3.3.3.1 砧木处理

发芽前20天左右，将砧木各主枝距树干20～30厘米截断。萌发的新枝长到15厘米时，选留2～3个方向合理、健壮的枝条留做嫁接枝，其余抹除。

3.3.3.2 嫁接时间

关中在夏季5月20日至6月20日，秦巴山区适当提前，渭北适当推后。

3.3.3.3 接穗采集

接穗选择良种母树树冠外围中上部生长健壮、发育充实、无病虫害、粗度1.0～1.5厘米的发育枝。采下的接穗，立即剪去叶片（仅留一小段叶柄）和枝条上部生长不充实的梢端，每20根或30根为一捆，标明品种，用湿布包好置于潮湿阴凉处。接穗要求现采现用，如需远距离运输，要保持湿润，运输途中用竹筐、有孔的木箱或含水量60%～65%已消毒的锯末包装，到达后即摊开降温。

3.3.3.4 嫁接

先在砧木光滑处切一个长度不小于4厘米、宽度2～3厘米、深达木质部的方块，将树皮挑起，再按回原处。然后在接穗上取下与砧木方块大小相同的方形芽片，芽片内接芽维管束要保持完好。取下的接芽迅速镶入砧木切口，用地膜从下往上将芽片缠紧，接芽、芽柄外露，或接芽仅缠一层地膜。在嫁接部位以上留2～3个复叶剪去砧梢。

3.4 接后管理

3.4.1 专人看管

高接后，选派专人对高接园进行管护，严防人畜破坏。

3.4.2 防止伤流

若有的枝接接包有伤流出现，应及时解包放水，在树干补锯1个放水口。

3.4.3 放风

枝接后25～30天，接穗开始发芽并抽枝展叶，每2～3天观察一次，对已展叶的接穗，将塑料袋或纸袋的上端开一个小口，利于嫩梢尖端伸出。开放风口应由小到大，不可一次性打开，更不可过早地将袋子去掉。当新枝长到10厘米时，全部打开上口。

3.4.4 除萌

接穗（芽）萌发抽枝后，及时除掉砧木的萌芽。

3.4.5 防风折

接穗新梢长到30厘米左右时，及时在接口处绑缚1.0～1.5

米长的防风杆，将新梢轻轻绑在防风杆上。

3.4.6　摘心

当新梢长到60厘米时，要及时摘心。对摘心后萌芽的侧枝，每个枝条选留2～3个方位、距离合适的侧枝，其余全部抹除。

3.4.7　摘除雌、雄花

对当年枝条上萌发的雄花和雌花要及时全部摘除。

3.4.8　疏枝

对接穗基部萌生的新枝，要及时疏除过密、交叉、重叠、下垂、细弱和着生部位不合适等枝条。

3.4.9　解绑

枝接后2～3个月，将接口绑缚材料放松一次，8月下旬以后可根据具体情况将绑缚物全部去掉。芽接的接芽萌发抽枝5厘米以上时，要及时去掉塑料条。

4. 树体管理

4.1　调整密度

对于密度过大的核桃园，挖除多余株，呈三角形留株。平地每亩保留22株左右，缓坡地每亩保留26株左右。

4.2　防治病虫害

加强抚育管理，提高树体的抗病能力，破坏病虫害的滋生环境。在成灾的情况下，采取人工、生物、物理和化学等综合措施防治。主要病虫害防治方法参考DB61/T 322.1中附录A、附录B。

4.3　修剪

4.3.1　减少枝量

疏除过密枝、重叠枝、交叉枝、病虫枝。密生枝、重叠枝、交叉枝不可一次大砍大拉，应分年疏除。

4.3.2　抬高主枝角度

对主枝延长头角度过大，生长衰弱的，回缩到背上枝处，用背上枝作新的主枝延长头。

4.3.3　更新结果枝组

对徒长枝、发育枝，通过夏季摘心或冬季短截，培养成新的结果枝。对连年结果已衰弱的结果枝，进行短截，更新复壮。

5. 土壤管理

5.1　深翻

对生长在地势平缓、长期荒芜、杂草丛生的核桃树，于每年早春和秋季全园深翻 1 次，深度 30～40 厘米。

5.2　中耕

生长季节中耕 3～4 次，做到土壤疏松无杂草。

5.3　蓄水保墒

对立地条件较差、坡度较大的地方，挖鱼鳞坑、水平阶或修筑树盘等。

5.4　灌水

发芽后、入冬前各灌水 1 次。春、夏季视土壤墒情灌水 2～3 次。灌水前，给树基堆土 20～30 厘米。

5.5　增施肥料

施肥方法、时间和用量等参考 DB61/T 322.3 的规定。

Ⅱ.资料性附录

附 录A

核桃主要虫害防治方法

A.1 **核桃举肢蛾(核桃黑)***Atrijuglans hetauhei* Yang

防治方法为：

a）土壤封冻前彻底消除树冠下部枯枝落叶和杂草，刮掉树干基部老皮，集中销毁，并对树下土壤进行耕翻，可消灭部分越冬幼虫。

b）幼虫脱果前，采摘被害果，收集落地虫果，集中深埋，减少下年的虫口密度。

c）6月中旬至7月中旬成虫产卵盛期，每隔10～15天喷1次10%的氯氰菊酯乳油1 500～2 000倍液，或15%的吡虫啉3 000～4 000倍液。

A.2 **云斑天牛** *Batocera horsfieldi* (Hope)

防治方法为：

a）成虫产卵期，刮除树干上月牙形产卵槽中的虫卵及初孵幼虫。

b）成虫发生期黑光灯诱杀或人工捕杀。

c）成虫产卵前树干涂白（硫黄粉 1 份，生石灰 10 份，水 40 份拌成浆）。

d）幼虫为害期，发现排粪孔后，用细铁丝钩杀幼虫；用棉球蘸乐果或敌敌畏 10 倍液塞入虫孔，并用湿土封严虫孔。

A.3 **核桃小吉丁虫** *Agrilus lewisiellus* Kere

防治方法为：

a）加强对核桃树的水肥、修剪和病虫害防治等综合管理，促进树体旺盛生长。

b）冬季至羽化前结合修剪，剪除并烧毁全部被害枝。

c）7～8 月，发现幼虫蛀入的通气孔后，涂抹 5～10 倍的敌敌畏。

d）结合防治举肢蛾等，在成虫产卵期和卵孵化期，树冠喷布 10%的氯氰菊酯乳油 1 500～2 500 倍液，或 20%的速灭杀丁 3 000～4 000 倍液，或 15%的吡虫啉 3 000～4 000 倍液。

A.4 **核桃扁叶甲(核桃金花虫)**

Castrolina depressa thoracica Baly

防治方法为：

a）利用产卵期、幼虫期的群聚性，人工摘除虫叶并集中烧毁；利用成虫的假死性，人工振落捕杀。

b）越冬成虫上树前或新羽化成虫越夏上树前，用毒笔、毒绳等涂扎树干基部，以阻杀成虫。

c）成虫、幼虫在树上取食期，尤其越冬幼虫初上树活动取食期，喷洒 15%的吡虫啉3 000～4 000 倍液，或 2.5%溴氰菊酯乳油 8 000～10 000 倍液。在郁闭度较大的林地也可施放烟剂。

d）保护和利用天敌，如猎蝽、奇变瓢虫等。

A. 5 **刺蛾类(洋辣子、刺毛虫、毛八角等)**

黄刺蛾 *Cnidocampa flavescens* Walker

扁刺蛾 *Thosea sinensis* Walker

防治方法为：

a) 秋冬季和春季摘除树上的黄刺蛾茧，深翻树盘消除越冬虫茧，击碎树干基部的刺蛾茧。

b) 成虫发生期，用黑光灯诱杀。

c) 5～7月幼虫为害期，可喷50%的辛硫磷乳油1 000倍液，或20%的速灭杀丁3 000～4 000倍液。

A. 6 **核桃瘤蛾(核桃小毛虫)** *Nola distribute* Wataer

防治方法为：

a) 入冬前翻树盘，春季萌芽前刮树皮，可消灭越冬虫蛹。

b) 在树干上绑带药的草把诱杀。

c) 幼虫发生期喷50%的辛硫磷乳油1 000倍液，或20%的速灭杀丁3 000～4 000倍液。

A. 7 **草履蚧** *Drosicha corpulenta* (Kuwana)

防治方法为：

a) 2～3月，若虫上树前在树干涂10～15厘米宽的黏虫胶带(机油1份、沥青1份，加热溶化后涂抹)，树下根茎部表土喷6%柴油乳剂；

b) 4月萌芽前，树上喷3～5波美度的石硫合剂，萌芽后喷40%乐果乳油600～800倍液；

c) 保护和利用黑缘红瓢虫、暗红瓢虫等天敌。

A. 8 **黄须球小蠹(小蠹虫)**

Sphaerotrypes coimbatorensis Stebbing.

防治方法为：

a) 展叶前结合修剪，剪除并烧毁虫害枝。

b) 发芽后至羽化前，将病虫危害和冻伤枝全部剪掉烧毁。

c）发芽后，每株树上吊 3～5 束半干枝作诱饵，诱集成虫到此产卵并集中销毁之。

d）6～7 月，结合防治举肢蛾、刺蛾类害虫，每隔 10～15 天喷 1 次 10％的氯氰菊酯乳油 1 500～2 500 倍液，或 15％的吡虫啉 3 000～4 000 倍液。

A.9 **木橑尺蠖（吊死鬼）** *Culcula panterinaria* Bre mer. et grey

防治方法为：

a）6～8 月成虫羽化期，用黑光灯诱杀。

b）6 月上旬幼虫孵化盛期，喷 50％的辛硫磷乳油 2 000 倍液，或 20％的速灭杀丁 3 000～4 000 倍液。

A.10 **黑绒金龟子** *Malade moyientalis* Motschulsky

防治方法为：

a）成虫大量发生期，利用其假死性振落捕杀。

b）利用成虫白天入土的习性，树下土壤喷施 50％的辛硫磷药液，每亩施原液 1 千克。

c）虫害发生严重时，喷 2.5％的敌杀死 3 000～4 000 倍液或功夫乳油 4 000 倍液。

A.11 **核桃鞍象** *Neomyllocerus hedini* (Marshall)

防治方法为：

a）冬季翻松园土，杀死部分越冬幼虫。

b）成虫大量出土为害期，喷洒 15％的 8817 乳油 2 500 倍液，或 20％的速灭杀丁乳油 1 500 倍液，或 90％的晶体敌百虫 900 倍液加 0.2％的洗衣粉，隔 10～15 天 喷 1 次，连续防治 2～3 次。

A.12 **银杏大蚕蛾** *Dicryoploca japonica* Butler

防治方法为：

a）冬季人工摘除卵块，7 月中下旬人工捕杀老熟幼虫或人工采茧烧毁。

b）9 月雌蛾产卵前，用黑光灯诱杀成虫。

c）在雌蛾产卵期，人工释放赤眼蜂，寄生率可达80%以上。

d）幼虫期，喷洒森得保可湿性粉剂2 000～3 000倍液，或3%的高渗苯氧威乳油3 000～4 000倍液，或1.8%的阿维菌素乳油3 000～4 000倍液，或0.3%苦参碱可溶性液剂1 000～1 500倍液。

A.13 **芳香木蠹蛾** *Cossus cossus* L.

防治方法为：

a）选用抗虫良种，加强园内管理，提高抗虫性。

b）6～8月份，撬开受害皮层，将蘸有磷胺或40%氧化乐果的棉球堵塞虫孔，再用黄泥封口。

c）成虫发生期黑光灯诱杀。

d）成虫产卵期，在树干1米以下及根茎部喷1～2次溴氰菊酯3 000～4 000倍液，防治初孵幼虫。

A.14 **核桃横沟象(核桃根茎象)***Dyscerusjuglans* Chao

防治方法为：

a）用石灰泥涂封根茎部。

b）冬季结合垦复树盘，挖开泥土，剥去根茎粗皮，杀死成虫。

c）4～6月份，挖开根茎泥土，每株灌40%乐果乳油200倍液2～4千克，也可灌人粪尿，2～3天后结合施肥培土，毒杀幼虫和蛹。

d）5～7月份成虫发生期用50%对硫磷乳油、50%杀螟松乳油或82%磷胺乳油1 000倍液喷雾。

附　　录B

核桃主要病害防治方法

B.1 **核桃炭疽病** *Gloeosporium fructigenum* Berk.

防治方法为：

a）选栽抗病品种。

b）加强栽培管理，及时除草松土和剪除枯枝、病枝及僵果，集中烧毁，保持园内通风透光，改善园内的环境条件。

c）6～8月，病害感染和发生期，树上交替喷洒保护性杀菌剂1∶2∶200倍波尔多液，或50%的多菌灵800～1 000倍液，或50%的甲基托布津可湿性粉剂800～1000倍液。

B.2 **核桃黑斑病** *Xantho momas juglandis* (pierce) Dowson.

防治方法为：

a）选育抗病品种，加强科学管理，提高抗病能力。

b）结合采后修剪，清除病叶、病枝、病果，集中烧毁。

c）及时防治举肢蛾、山核桃蚜虫、长足象等果实害虫，减少伤口和传播媒介。

d）在发病严重的地区于核桃发芽前喷3～5波美度石硫合剂，消灭越冬病菌。生长期喷1～3次1∶0.5∶200半量式波尔多液，或50%甲基托布津500～800倍液（雌花开花前、开花后及幼果期各1次）。

B.3 **核桃枝枯病** *Melanconium ollangum* Berk.

防治方法为：

a）加强园地管理，及时剪除病枝并集中烧毁。

b）增施有机肥，增强树势，提高抗病力。

c）冬季树干涂白，防冻、防旱、防虫，以减少衰弱枝及各种伤口，防止病菌侵入。

d）雨季到来前至发病高峰期，用70%的代森锰锌800倍液连续喷3次，每隔10天1次。

B.4 **核桃溃疡病** *Dothiorella gregaria* Sacc.

防治方法为：

a）选用抗病品种。

b）加强土肥水管理，合理修剪，恢复树势，提高抗病能力。

c）树干涂白，防日灼和冻害。

d）主干发病后，先刮除病部深达木质部，或将病斑纵横划开，再涂3波美度的石硫合剂，或1%的硫酸铜液，或1/10的碱水。

B.5 **核桃腐烂病(黑水病)** *Cytospora juglandis* (DC) Sacc.

防治方法为：

a）改良土壤，促进根系发育，并增施有机肥，合理修剪，增强树势，提高抗病力。

b）适当疏除下垂枝、老弱枝，以恢复树势，并对剪锯口用1%的硫酸铜进行消毒。

c）发病严重的园区可在冬前刮除病斑，刮后用5波美度石硫合剂涂抹消毒，刮下的病皮集中烧毁。

d）冬季树干涂白防冻。春季发芽前，6～7月和9月，在主干和主枝的中下部喷2～3波美度石硫合剂。

B.6 **核桃干腐病** *Macropho macaryae* Yu.

防治方法为：

a）加强树体管理，增强树体抗病能力。

b）及时发现病斑并进行刮治，刮后涂5波美度石硫合剂涂抹消毒。

c）夏季骨干枝涂白，防日灼和虫害。

B.7 **核桃褐斑病** *Ggtospora juglandis* (Lib.) magn.

防治方法为：

a）及时清除病枝、病叶、病果，深埋或烧毁。

b）6月上中旬或7月上旬，各喷1次1∶2∶200的波尔多液，或50％甲基托布津可湿性粉剂900倍液。